JN021230

工学のための VBA プログラミング | 数値計算編 |

村木正芳【編著】／田中秀明・加藤和弥・木村広幸【著】

東京電機大学出版局

本書中の製品名は，一般に各社の商標または登録商標です．
本文中では，™ および® マークは明記していません．

まえがき

数値計算は，古くから行われてきた数学問題を解く 1 つの手法であるが，近年のコンピュータの演算能力の向上に伴って，その有用性が急速に高まり，適用範囲が広がっている．例えば，物理や化学などの自然科学，あるいは経済学などの問題は，しばしば数理モデルと呼ばれる微分方程式で表現される．そして，数理モデルを解くことにより自然現象や社会現象が理解でき，将来予測が可能になる．最近のケースでは，世界中で深刻な状況を引き起こした新型コロナウイルスの感染拡大の予測も，微分方程式を用いた数値シミュレーションによる結果である．

また，数値計算は，多くの産業技術の進展と関係していることから，工学分野では不可欠な道具となっている．例を挙げれば，機械設計などで膨大な計算を必要とする有限要素法や差分法によるシミュレーションは，大規模な連立 1 次方程式の数値解法によるところであり，デジタル画像を処理する際には関数補間が用いられ，最近の話題であるデータサイエンスの統計処理は，最小二乗法と呼ぶ数値解析などが基になっている．

数値計算を行うにあたってはプログラムが必要であり，豊富な数値計算用ライブラリを持つ FORTRAN，C 言語，Python などのプログラミング言語が使われることが多い．一方，本書で取り上げた VBA (Visual Basic for Applications) は，Excel などの Microsoft Office 製品に標準搭載されているため，入手が容易で，利用が簡単，しかも学習しやすい特長を持つプログラミング言語である．現在，文系，理系を問わず高専や大学などの教育機関では，多くの学生が ICT（Information and Communication Technology，情報通信技術）系の科目においてExcel VBA を学ぶ機会を得ている．VBA の文法はシンプルで，初学者が学びやすいことから，学生にとってハードルの低い数値計算用プログラミング言語と見ることができる．また社会人にとって，Excel はビジネスや研究で一般的に使用されているため，数値計算が必要な業務であれば，VBA を用いて簡単に効果的に成果を上げることができる．

拙著『工学のための VBA プログラミング基礎』は工学向けの VBA 入門書として，2009 年発刊以来教育機関の教科書や参考書として多くの方にご利用いただいている．このことを踏まえた出版社からの依頼に基づき，本書は，前著の「応用編—数値計算プログラムの基礎」を拡充した内容とした．本書の特徴のひとつは，数値計算の原理の理解を容易にするために，解法の原理との対応の形でなるべく簡単なプログラムとしたことである．本書の，「第 1 章 VBA による数値計算の基礎」の前半では数値計算の際に必要な誤差について，後半では数学的処理のアルゴリズムに関わる VBA プログラミングの基礎について述べた．「第 2 章 非線形方程式」と「第 3 章 行列計算と連立 1 次方程式」はどちらかといえば数学寄りであるが，「第 4 章 関数補間と最小二乗法」「第 5 章 常微分方程式」「第 6 章 数値積分」では，工学分野の課題との関連づけも考慮に入れることにした．なお，草稿は 4 人（村木正芳，田中秀明，加藤和弥，木村広幸）の分担執筆であるが，書籍化するための原稿の平準化ととりまとめは村木が担当した．

数値計算の原理を理解する近道は，自分で実際にプログラムを作成して実行し，結果を見ることである．その効率的かつ効果的な方法のひとつが，計算から結果のグラフ化まで一貫した処理ができる Excel VBA の使用である．Excel VBA を用いることで，数式やアルゴリズムをプログラムに変換するプロセスを学び，数値計算の課題に対する直感的な理解を深めることができると思われる．本書が数値計算に関する基本的な仕組みの理解の一助となり，さらに高度な専門領域の学習へと発展していくきっかけとなれば幸いである．

最後に本書の発行にあたり，ご尽力いただいた東京電機大学出版局編集課の坂元真理氏に感謝の意を表したい．

2024 年 3 月　村木 正芳

目次

■ Column

本書に掲載したプログラムは，ウェブページからダウンロードできます.
東京電機大学出版局ウェブページ　https://www.tdupress.jp/
［トップページ］→［ダウンロード］→
［工学のための VBA プログラミング 数値計算編］

第1章 VBAによる数値計算の基礎

コンピュータを使って計算する際に知っておくべき基礎知識が，誤差である．そこで本章の前半では，数値計算を行う際の誤差の種類と扱いについて述べる．後半では，VBA を用いた簡単なプログラムを通して数値計算の実際に触れることにする．

1.1 誤差

1.1.1 有効数字と誤差

[1] 有効数字

有効数字とは，実用上有意義な桁数だけとったもので，位取りを示すだけのゼロを除いた数字を指す．このルールに従えば，次の数の有効桁数（数値が意味を持つ桁数）は，下記のようになる．

254.3 ： 4 桁　　0.0127 ： 3 桁　　0.4587 ： 4 桁

ただし，小数点より右にある 0 は有効であるので，次の数の有効桁数は，

12.0 ： 3 桁　　12.000 ： 5 桁

である．有効数字の桁数を明示するために科学的記数法を用いることもある．例えば，次の数の有効桁数は，

4×10^4 ： 1 桁　　5.00×10^3 ： 3 桁

である．

[2] 丸め誤差

丸め処理とは，数値の桁数を揃えるために，四捨五入や切り上げ，切り捨て処理をすることで，このとき生じる誤差を丸め誤差と呼ぶ．

（例）0.354 → 小数点以下第 3 位切り捨て → 0.35
丸め処理後の数値は，元の数値と比べて 0.004 の誤差が生じる．

丸め誤差を含んだ値を使って計算を繰り返し行うと，誤差が蓄積して計算結果が真の値と大きな差を生じることがある．

[3] 打ち切り誤差

丸め誤差と同様の誤差に，打ち切り誤差がある．多くの回数の演算をある有限回の演算で打ち切るときに発生する．例えば，関数 $f(x)$ が，次の無限級数で表されるとき，

$$f(x) = \frac{1}{2} + \frac{1}{2^2} + \frac{1}{2^3} + \cdots$$

第 2 項まで計算すると 0.75，第 3 項まで計算すると 0.875 のように，項数を多くとるほど真の値 1 に近づくが，数値計算では途中で計算を打ち切って近似値とすることになる．このときの真の値と近似値の差が打ち切り誤差である．

[4] 桁落ち

桁落ちとは，近い数を引き算することで有効数字が少なくなる現象のことで，例えば，1.2345 – 1.2344 を計算すると 0.0001 となり，有効数字が 5 桁から 1 桁に減少する．

数値計算では，桁落ちによる精度の低下を防ぐために，式の形を工夫したり，数値を単精度から倍精度に変えて計算を行ったりするなどの方法がとられる．

[5] オーバーフロー，アンダーフロー

コンピュータでは，整数も小数も決まった長さの記憶領域に収められるので，その限界を超えると，オーバーフローやアンダーフローが生じる．

オーバーフローは，与えられたデータや計算結果の絶対値がコンピュータの記憶領域に収まる範囲を超えたときに生じる．「オーバーフローしました」の表示が出て計算が停止する．

$$\text{オーバーフロー}：|x| > 3.402823 \times 10^{38}$$

一方，アンダーフローは，浮動小数点数において，値の絶対値が小さくなりすぎて正しい値を表現できなくなるときに生じる．

$$\text{アンダーフロー}：|x| \leqq 1.175494 \times 10^{-38}$$

この場合は 0 と見なして計算は続行する．

1.1.2 10 進数と 2 進数

我々が普段使う 10 進数では，0 から 1 ずつ増やしていって $1, 2, 3, \cdots, 7, 8, 9$ までいくと，次は桁上がりして 10 になる．例えば，数 2035 の 10 進数表記の意味は，次のとおりである．一番右の桁は 10^0 で，その 1 つ左の桁が 10^1，さらに左の桁が 10^2，一番左の桁が 10^3 と指数項が 1 つずつ増えていく．指数項と各桁の数字と掛け合わせて合計したのが 10 進数の数字になる．

$$\begin{array}{ccccccc} 2 & & 0 & & 3 & & 5 \\ 2\times10^3 & + & 0\times10^2 & + & 3\times10^1 & + & 5\times10^0 \end{array}$$

図 1.1 10 進数

2 進数の表記も同様の考え方であるが，2 進数では，使える数は「0」と「1」だけなので，数はそれらの組み合わせで表現される．つまり，0, 1 の次に 1 つ増やすと桁上がりして 10 と表記する．数 1011 を例にとって 2 進数の表記について説明する．一番右の桁は 2^0 で，その 1 つ左の桁が 2^1，さらに左の桁が 2^2，一番左の桁が 2^3 と指数項が 1 つずつ増えていく．指数計算を行い，各桁の数字と

$$\begin{array}{ccccccccc} 1 & & 0 & & 1 & & 1 & & \\ 1\times 2^3 & + & 0\times 2^2 & + & 1\times 2^1 & + & 1\times 2^0 & = & 11 \end{array}$$

図 1.2　2 進数の表記

掛け合わせて合計すると 10 進数の数字になる．

小数の場合は，小数点から右へ進むごとに 1/2 ずつになる．例えば，0.101 と書くと，左から，2^0, $2^{-1}(=1/2^1)$, $2^{-2}(=1/2^2)$, $2^{-3}(=1/2^3)$ と 1/2 の指数計算を行い，各桁の数字と掛け合わせて合計すると 10 進数の数字になる．

$$\begin{array}{ccccccccc} 0 & . & 1 & & 0 & & 1 & & \\ 0\times 2^0 & + & 1\times 1/2^1 & + & 0\times 1/2^2 & + & 1\times 1/2^3 & = & 5/8 \end{array}$$

図 1.3　2 進小数から 10 進数への変換

例題 1-1	2 進数の 1010.101 を 10 進数に変換しなさい．

解答　$1\times 2^3+0\times 2^2+1\times 2^1+0\times 2^0+1\times 2^{-1}+0\times 2^{-2}+1\times 2^{-3}$

$=8+2+1/2+1/2^3=10.625$

一方，10 進数 10.625 から 2 進数への変換の例を**図 1.4** に示す．整数部分は 2 で割り算して，割り切れれば 0 を，1 が余ると 1 を右側に記入し，この操作を商が 1 になるまで繰り返す．小数部分は 2 を乗じてその値が 1 以上なら 1 を右側に記入し，次いで 1 を引いた残りの数値に 2 を乗じ，その値が 1 以下なら 0 を右側に記入し，再度 2 を乗じこれを繰り返す．2 進数は矢印の方向に読み取る．10 進数 10.625 は 2 進数 1010.101 に変換される．

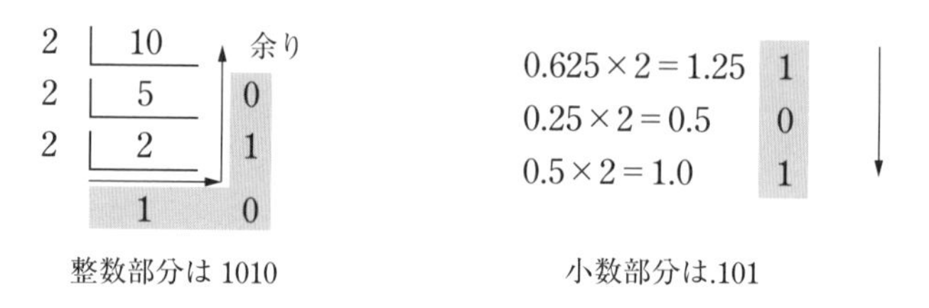

図 1.4　10 進数から 2 進数への変換

1.1.3 固定小数点数と浮動小数点数

数値の表現方法には，固定小数点表示と浮動小数点表示の 2 種類がある．固定小数点表示は，小数点の位置を固定して数を表示する方式で，この表示法によって電子の質量を表すと，

$$0.00000000000000000000000000000091093897\ \mathrm{kg}$$

のように，非常に大きな桁数が必要になる．

その欠点をカバーしたのが浮動小数点表示である．浮動小数点表示では，数字は仮数と基数と指数の要素で表現される．

仮数 × 基数^指数

したがって電子の質量は，$0.91093897 \times 10^{-30}$ kg，$9.1093897 \times 10^{-31}$ kg，$91.093897 \times 10^{-32}$ kg などと自由に小数点の位置を変えて（浮動の意味）表現される．

浮動小数点表示の形式は，IEEE（Institute of Electrical and Electronics Engineers）で規定されており，**図 1.5** に示すように，基数は 2 進数で決まっているので，符号，仮数部，指数部のみが記憶される．

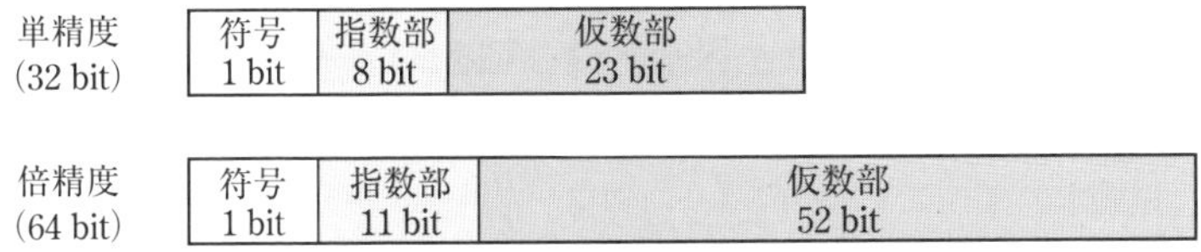

	符号	指数部	仮数部
単精度（32 bit）	1 bit	8 bit	23 bit
倍精度（64 bit）	1 bit	11 bit	52 bit

図 1.5 単精度浮動小数点数と倍精度浮動小数点数

1.1.4 絶対誤差，相対誤差，許容誤差

重さや長さなどの実験で用いられる絶対誤差と相対誤差は，測定値と理論値の差のことである．例えば，物体の質量の理論値が 10g とわかっているものを測定したところ 11g であったとすると，

$$\text{絶対誤差} = \text{測定値} - \text{理論値} \qquad 11〔g〕-10〔g〕=1〔g〕$$

$$\text{相対誤差} = \frac{\text{測定値} - \text{理論値}}{\text{理論値}} \qquad \frac{11〔g〕-10〔g〕}{10〔g〕}=0.1$$

になる．また，許容誤差は，測定値が許容される誤差の範囲のことで，その範囲内に収まれば許容範囲と見なされる．

コンピュータで扱う収束計算においては，収束したかどうかの判定に，連続する繰り返し計算値の差の絶対値（上記の絶対誤差に相当）あるいは相対値（上記の相対誤差に相当）が用いられる．あらかじめ許容誤差 ε を 10^{-4}～10^{-6} の程度の十分に小さな値に設定しておく．次いで計算において，i 回目の計算値 x_i と $i+1$ 回目の計算値 x_{i+1} の差の①絶対値あるいは②相対値が，許容誤差 ε より小さくなったとき，解が収束したと判定して計算を終了する．

①計算値の差の絶対値　$|x_{i+1} - x_i| < \varepsilon$

②計算値の差の相対値　$\dfrac{|x_{i+1} - x_i|}{|x_{i+1}|} < \varepsilon$

1.2 VBA プログラミングの基礎

1.2.1 プログラムの流れとステートメント

1 次方程式の解のプログラムの作成を通して処理の流れを学ぶ．

例題 1-2

1 次方程式 $ax+b=0$ の解を求めるプログラムを作成し，実行しなさい．

	A	B
1	f(x)	ax+b
2	a	2
3	b	-1
4	x	

(1)

	A	B
1	f(x)	ax+b
2	a	1.00E+40
3	b	-1
4	x	

(2)

図 1.6 に示すような一連の処理（最小単位のプログラム）をプロシージャと呼ぶ．本書では，課題に応じて Sub から始まるプロシージャ（サブプロシージャ）を 1 つ作成し，メインプロシージャ（主プログラム）として扱う．

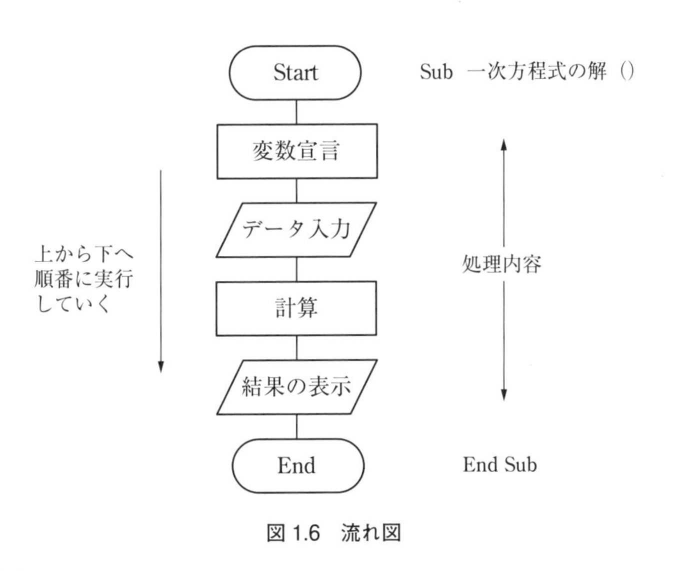

図 1.6　流れ図

解答

◆プログラム

```
Sub 一次方程式の解 ()

'変数宣言
   Dim a As Single, b As Single
   Dim x As Single

'係数の読み込み
   a = Range("B2").Value
   b = Range("B3").Value

'計算と結果の表示
   x = -b / a
   Range("B4").Value = x

End Sub
```

◆実行結果

	A	B
1	f(x)	ax+b
2	a	2
3	b	-1
4	x	0.5

（1）

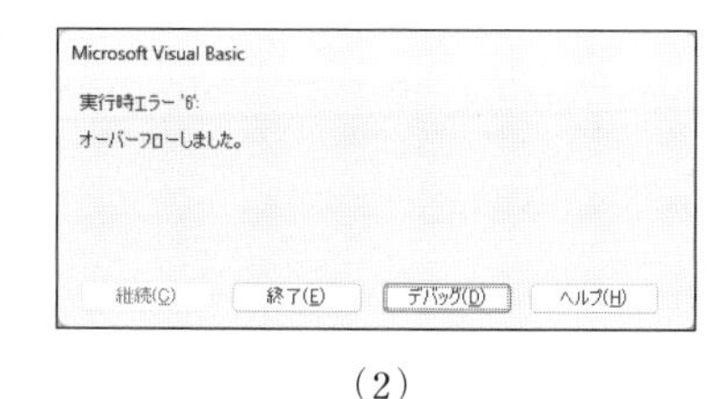

（2）

[1] プログラムの始まりと終わり

プログラムの始まりは「Sub･･･ ()」，終わりは「End Sub」で示す．プログラムを実行すると，その間に記述された処理が実行される．Sub に続くのがプログラムの名前である．

[2] 変数宣言とデータ型

プログラムの最初に，用いる変数のデータ型の宣言を行う．宣言ステートメントの書式は，以下のとおりである．

書式：変数の型宣言
Dim 変数名 As データ型

また，計算で使うデータ型は主として**表 1.1** の 4 種類である．

複数の変数のデータ型宣言を行う際，行換えをする場合には

```
Dim a As Double
Dim b As Double
```

と書く．1 行で書く場合には，下記のように書く．

```
Dim a As Double, b as Double
```

このほか，円周率 π や重力加速度 g のように決まった値を使う場合に，定数が使

表 1.1　変数のデータ型

データ型	表示	範囲	
整数型	Integer	−32,768〜32,767	
長整数型	Long	−2,147,483,648〜2,147,483,647	
単精度浮動小数点数型	Single	負のとき	−3.402823E38〜−1.401298E−45
		正のとき	1.401298E−45〜3.402823E38
倍精度浮動小数点数型	Double	負のとき	−1.79769313486232E308〜 −4.94065645841247E−324
		正のとき	4.94065645841247E−324〜 1.79769313486232E308

*E は 10 のべき乗の意味である．例えば，2.5E−3 は 2.5×10^{-3} を表す．

われる．書式は次のとおりである．

書式：定数の宣言

```
Const 定数名 As データ型 = 値
```

[3] セルの指定と代入ステートメント

セルの指定には Range と Cells（後述）の 2 通りがある．また，セルから数値を読み込んで変数に代入したり，逆に数値をセルに表示したりするときに，「=」を用いる．「=」は「←」と同じで，右辺の値を左辺に代入することを意味している．例えば，変数 a の中にある数値をセル B2 に表示するときには，

```
Range("B2").Value = a
```

セル B2 の数値を変数 a に代入するときには，次のように書く．

```
a = Range("B2").Value
```

[4] オーバーフロー

前節で述べたように，数値が記憶領域の限界を超えたときに，オーバーフローが生じる．

例題 1-2 の(2)のように，変数 a, b, x のデータ型を Single として宣言した場合，a = 1E39（10^{39}）を入力して実行すると，データ読み込みの時点でオーバーフローする．また，a = 1E – 39 として実行すると，x の計算の時点でオーバーフローする．変数 a, b, x のデータ型を Double として宣言すると，表に示した範囲までオーバーフローを防ぐことができる．

[5] 桁落ち

変数のデータ型によって桁落ちによる精度の低下が生じることがある．

例題 1-3	変数 x のデータ型を単精度と倍精度にして，x = 100,000,000 に 1 を足したときの値を確認しなさい．

解答 データ型を単精度 Single で宣言した場合，足す値 1 に対して元の値 100,000,000 が大きいため正しい値が得られない．倍精度 Double で宣言すると正しい値が得られる．

◆プログラム—(1) 単精度

```
Sub 桁落ち 1()

'変数宣言
    Dim x As Single

'データ読み込み
    x = Range("A2").Value

'計算と結果の表示
    x = x + 1
    Range("B2").Value = x

End Sub
```

◆プログラム—(2)倍精度

```
Sub 桁落ち2()

'変数宣言
    Dim x As Double

'データ読み込み
    x = Range("A2").Value

'計算と結果の表示
    x = x + 1
    Range("B2").Value = x

End Sub
```

◆実行結果

	A	B
1	x	x+1
2	100000000	100000000

（1）単精度

	A	B
1	x	x+1
2	100000000	100000001

（2）倍精度

1.2.2 分岐処理

プログラムの組み立ては**図 1.7** に示す 3 個の基本構造の組み合わせで構成される．**例題 1-2** の処理は連接（順次）であったが，次に分岐を取り上げる．

データが設定された条件を満足するかどうかを判定し，条件に満足する場合と満足しない場合とで異なった処理を行う仕組みを分岐処理と呼ぶ．

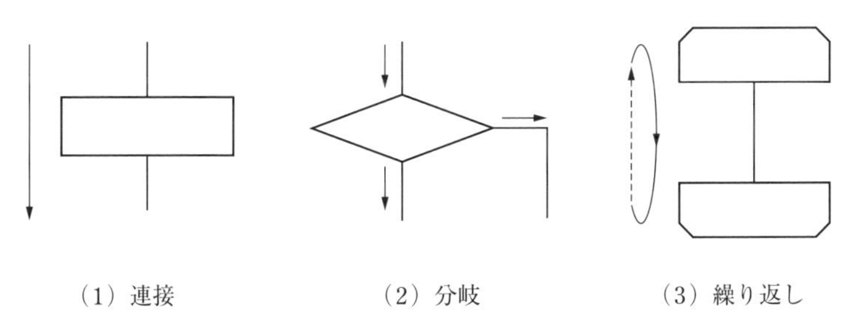

図 1.7 流れの基本 3 構造

[1] 2 次方程式の解

2 次方程式 $ax^2 + bx + c = 0$ の解は次式で表される．

$$x = \frac{-b \pm \sqrt{D}}{2a}$$

式中，$D = b^2 - 4ac$ である．解 x_1 と解 x_2 は D の符号により，実数と虚数の 2 通りに分かれる．

$$D \geqq 0 : x_1 = \frac{-b + \sqrt{D}}{2a},\quad x_2 = \frac{-b - \sqrt{D}}{2a}$$

$$D < 0 : x_1 = \text{虚数},\quad x_2 = \text{虚数}$$

[2] プログラムの解説

図 1.8 に分岐処理の流れ図を示す．分岐処理には，If～Then～Else ステートメントを用いる．

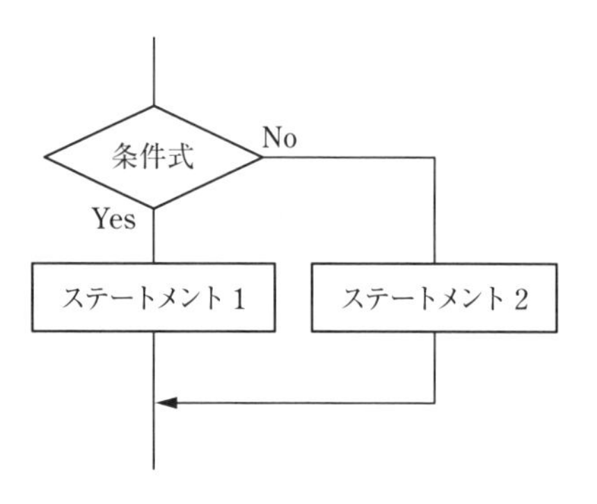

図 1.8　分岐処理の流れ図

書式：If～Then～Else ステートメント	
If 条件式 Then	←上の例の場合，条件式は $D \geqq 0$
ステートメント 1	←条件式を満足する場合の処理 $\left(x = \frac{-b \pm \sqrt{D}}{2a}\right)$
Else	
ステートメント 2	←条件式を満足しない場合の処理（x="虚数"）
End If	

例題 1-4　2 次方程式 $ax^2 + bx + c = 0$ の解が実数の場合には数値で表示し，虚数の場合には「虚数」と表示するプログラムを作成し，実行しなさい．

(1)

	A	B
1	f(x)	ax^2+bx+c
2	a	1
3	b	-5
4	c	5
5	x1	
6	x2	

(2)

	A	B
1	f(x)	ax^2+bx+c
2	a	1
3	b	1
4	c	1
5	x1	
6	x2	

解答

◆プログラム

```
Sub 二次方程式の解1()

'変数宣言
    Dim a As Single, b As Single, c As Single, D As Single
    Dim x1 As Single, x2 As Single

'係数の読み込み
    a = Range("B2").Value
    b = Range("B3").Value
    c = Range("B4").Value

'計算と結果の表示
    D = b ^ 2 - 4 * a * c
    If D >= 0 Then
        x1 = (-b + D ^ 0.5) / (2 * a)
        x2 = (-b - D ^ 0.5) / (2 * a)
        Range("B5").Value = x1
        Range("B6").Value = x2
    Else
        Range("B5").Value = "虚数"
        Range("B6").Value = "虚数"
    End If

End Sub
```

◆実行結果

(1)

	A	B
1	f(x)	ax^2+bx+c
2	a	1
3	b	-5
4	c	5
5	x1	3.6180339
6	x2	1.3819660

(2)

	A	B
1	f(x)	ax^2+bx+c
2	a	1
3	b	1
4	c	1
5	x1	虚数
6	x2	虚数

1.2.3 ファンクションプロシージャ

前項では 2 次方程式の解の公式の計算は，メインプロシージャの中で行ったが，計算部分を別のプロシージャとして置いておき，必要の都度呼び出して使うことができる．このときのプロシージャを「ファンクションプロシージャ」と呼ぶ．

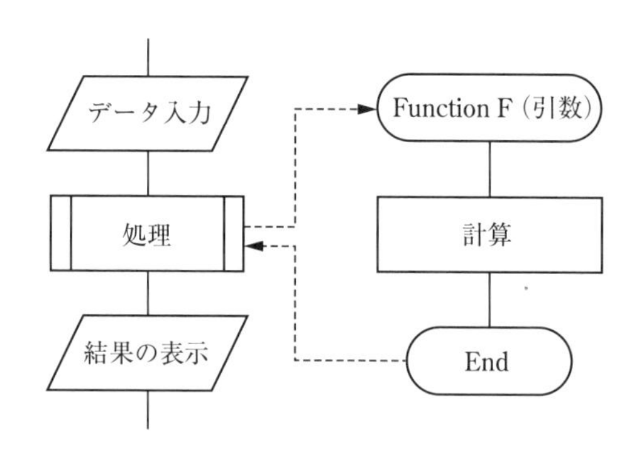

(1) メインプロシージャ　(2) ファンクションプロシージャ

図 1.9　ファンクションプロシージャのプログラムの流れ

メインプロシージャから，ファンクションプロシージャ F に引数を渡して，ファンクションプロシージャで計算した F を返す．

ファンクションプロシージャは次のように書く．

書式：ファンクションプロシージャ
Function プロシージャ名（引数 As データ型）As データ型 　　プロシージャ名 = 計算式（引数） End Function

例題 1-4 のような引数が複数ある場合，メインプロシージャでは最初に型宣言しているのでデータ型を省いて D(a, b, c) と書き，ファンクションプロシージャではデータ型を指定して書く．

```
Function D(a As Single, b As Single, c As Single) As Single
```

ファンクションプロシージャを使った 2 次方程式の解を求めるプログラムの変更部分を次に示す．

◆**プログラム**

```
'ファンクションプロシージャの呼び出しと結果の表示
    If D(a, b, c) >= 0 Then
        x1 = (-b + (D(a, b, c) ^ 0.5)) / (2 * a)
        x2 = (-b - (D(a, b, c) ^ 0.5)) / (2 * a)
        Range("B5").Value = x1
        Range("B6").Value = x2
    Else
        Range("B5").Value = "虚数"
        Range("B6").Value = "虚数"
    End If

End Sub
```

```
Function D(a As Single, b As Single, c As Single) As Single

    D = b ^ 2 - 4 * a * c

End Function
```

なお，引数の変数名はメインプロシージャとファンクションプロシージャで一致していなくてもいいが，両方のプロシージャ間で用いる変数の順番はそろえておく必要がある.

メインプロシージャとファンクションプロシージャで引数の変数名を変えたプログラムの変更部分を次に示す.

◆プログラム

```
'ファンクションプロシージャの呼び出しと結果の表示
    If D(a, b, c) >= 0 Then
        x1 = (-b + (D(a, b, c) ^ 0.5)) / (2 * a)
        x2 = (-b - (D(a, b, c) ^ 0.5)) / (2 * a)
        Range("B5").Value = x1
        Range("B6").Value = x2
    Else
        Range("B5").Value = "虚数"
        Range("B6").Value = "虚数"
    End If

End Sub
```

```
Function D(e As Single, f As Single, g As Single) As Single

    D = f ^ 2 - 4 * e * g

End Function
```

1.2.4 繰り返し処理

[1] For~Next ステートメント

回数を決めて処理を繰り返す場合には, For~Next ステートメントを用いる.

```
For i = 1 To n Step 1
    ステートメント
Next i
```

書式 : For~Next ステートメント

```
For カウンタ変数名 = 初期値 To 終値 Step 増分
    ステートメント
Next カウンタ変数名
```

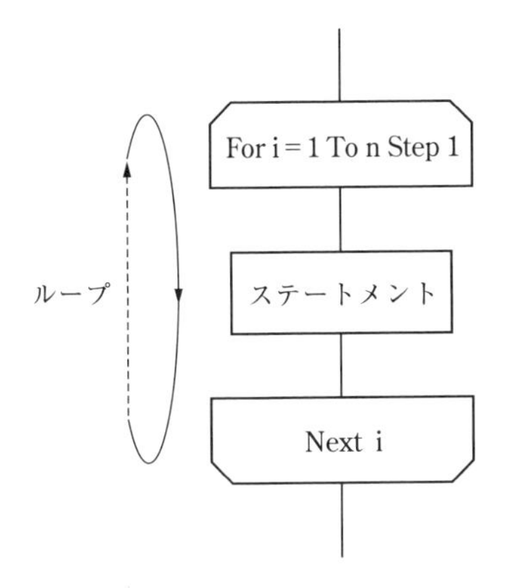

i：繰り返しの回数を数えるカウンタ変数

Step 1：1回繰り返すたびにiは1ずつ増える
増分は1以外にも設定できる
省略した場合には，Step 1になる

図 1.10　For～Next ステートメントの流れ

例題 1-5　関数 $f(x)$ が次の無限級数で表されるとする．右辺の項数 n を $1, 2, 3 \cdots$ と 10 まで 1 つずつ増やしていったときの関数の値 f を求めるプログラム「無限級数 1」を作成し，実行しなさい．

$$f(x) = \frac{1}{2} + \frac{1}{2^2} + \frac{1}{2^3} + \cdots + \frac{1}{2^n} + \cdots$$

	A	B
1	n	f
2	↓	↓
3		

表示場所

解答　ヒント：プログラムでは，無限級数を下記のように書く．

```
For i = 1 To n Step 1
   f = f + 1 / 2 ^ i
Next i
```

◆プログラム

```
Sub 無限級数 1()
```

```
'変数宣言
    Dim f As Double
    Dim n As Integer, i As Integer

'項数
    n = 10

'計算と結果の表示
    For i = 1 To n Step 1
        f = f + 1 / 2 ^ i
        Cells(i + 1, 1).Value = i     ←--繰り返しのたびにセルの行番
        Cells(i + 1, 2).Value = f         号を 1 つずつ増やしていく
    Next i

End Sub
```

◆実行結果

	A	B
1	n	f
2	1	0.5
3	2	0.75
4	3	0.875
5	4	0.9375
6	5	0.96875
7	6	0.984375
8	7	0.9921875
9	8	0.99609375
10	9	0.998046875
11	10	0.999023438

1 に漸近していく

Cells も Range と同様にセル番地の特定に用いられるが，セル番号は「Cells(行番号，列番号).Value」のように書く．Range("B3") と Cells(3, 2) は同じセル番地である．

[2] Do～Loop ステートメント

設定した条件式を満足するかどうかで処理の繰り返しを決める場合，Do～Loop ステートメントが用いられる．条件式の与え方には次の 2 通りがある．

① While 条件式：条件式が成立しなくなるとループから抜け出す

② Until 条件式：条件式が成立するとループから抜け出す

例題 1-6

例題 1-5 において，項数 $n-1$ のときの関数値 f_{n-1} と項数 n のときの関数値 f_n の絶対誤差（$f_n - f_{n-1}$）が，許容誤差 ε 以内に入るとき計算をやめるプログラム「無限級数 2」を作成し，実行しなさい．$\varepsilon = 10^{-4}$ とする．

	A	B	C
1	n	f	⊿f
2			
3			
4			

解答

◆プログラム

```
Sub 無限級数 2()

'変数宣言
    Dim f As Double, fp As Double
    Dim ε As Double
    Dim n As Integer

'許容誤差
    ε = 0.0001

'計算と結果の表示
    Do
        n = n + 1
        fp = f                          ←-fn-1 を fp, fn を f とする
        f = f + 1 / 2 ^ n
        Cells(n + 1, 1).Value = n
        Cells(n + 1, 2).Value = f
        Cells(n + 1, 3).Value = f - fp
    Loop Until f - fp < ε          ←-計算を終了する条件を「f-fp< ε」と
                                      設定
End Sub
```

◆実行結果

	A	B	C
1	n	f	⊿f
2	1	0.5	0.5
3	2	0.75	0.25
4	3	0.875	0.125
5	4	0.9375	0.0625
6	5	0.96875	0.03125
7	6	0.984375	0.015625
8	7	0.9921875	0.0078125
9	8	0.9960938	0.0039063
10	9	0.9980469	0.0019531
11	10	0.9990234	0.0009766
12	11	0.9995117	0.0004883
13	12	0.9997559	0.0002441
14	13	0.9998779	0.0001221
15	14	0.999939	6.104E-05

項数nが14のときの絶対誤差が許容誤差より小さくなったので，計算が終了する

1.2.5 配列

同じ属性を持つ多くのデータを扱うとき，データ全体を代表する1つの名前をつけて個々のデータは数字で区別すると簡単になる．この方法が配列である．配列には1次元配列と2次元以上の多次元配列がある．

[1] 1次元配列

配列変数 a(i) の表記で，a を配列名，i をインデックスと呼ぶ．インデックスを Idx とすると，配列変数の型宣言は次のように書く．

書式：配列変数の型宣言
Dim 配列名（Idx の最大値）As データ型

インデックスの番号は0から始まる．

配列変数へ値を格納する際，For～Next ステートメントといっしょに用いる

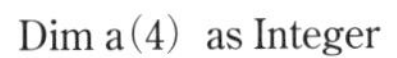
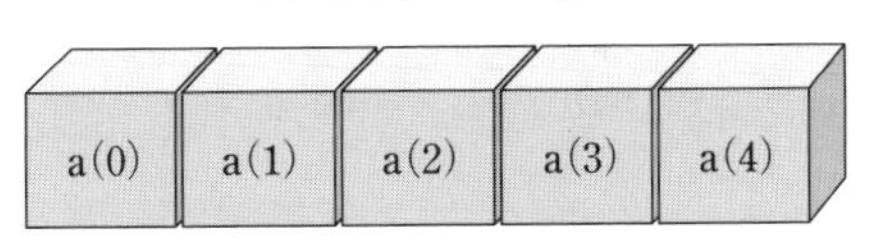

図 1.11　1 次元配列

と，プログラムが簡潔になる．次の例では，a(0), a(1), a(2), a(3), a(4) の 5 個の配列変数にそれぞれ整数 0, 1, 2, 3, 4 が格納される．

```
Dim a(4) as Integer
For i = 0 To 4
    a(i) = i
Next i
```

[2] 2 次元配列

2 次元配列では，2 つのインデックスが必要になる．第 1 インデックスを Idx1，第 2 インデックスを Idx2 とすると，変数宣言は次のように書く．

書式：2 次元配列変数の型宣言
Dim 配列名 (Idx1 の最大値，Idx2 の最大値) As データ型

例えば，`Dim a(3,4) As Integer` と書くと，a(0, 0)〜a(3, 4) の 20 個の配列変数の整数型宣言をしたことになる．

2 次元配列は，Excel のセルアドレスと対応づけることができる．

```
a(1,1) = Cells(1,1).Value
```

と書くと，Cells(1, 1)（=Range("A1")）に置かれた数値が配列変数 a(1, 1) に格納される．また，2 次元配列で For〜Next ステートメントを使って配列変数にデータを格納する際，通常ループの内部に別のループを含む入れ子の構造文を用いる．

次のプログラム，

```
For i = 1 To 3
    For j = 1 To 4
        a(i, j) = Cells(i, j).Value
    Next j
Next i
```

では，**図 1.12** に示すように，Cells(1, 1), Cells(1, 2), ⋯, Cells(3, 4) に置かれた整数 1, 2, 3, ⋯, 12 が a(1, 1), a(1, 2), a(1, 3), ⋯, a(3, 4) の 12 個の配列変数に格納される．**図 1.13** に 2 次元配列変数へ格納するときの流れ図を示す．

（列 j →，行 i ↓）

		1 列	2 列	3 列	4 列
		A	B	C	D
1 行	1	1	2	3	4
2 行	2	5	6	7	8
3 行	3	9	10	11	12

図 1.12　2 次元配列

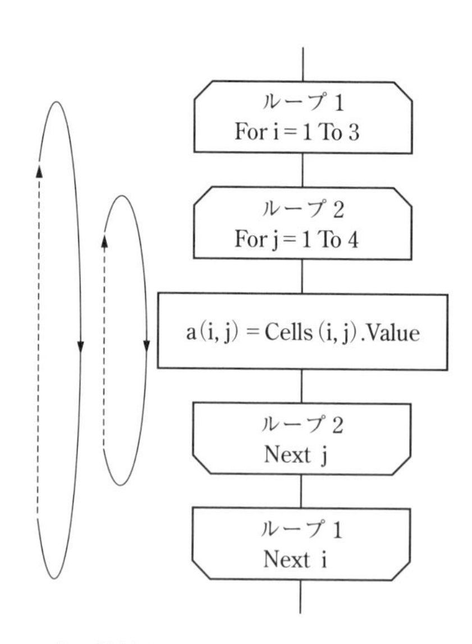

図 1.13　セル内の数値を 2 次元配列変数へ格納するときの流れ図

[3] 定数を使った配列指定

整数型配列変数 A の大きさを定数 n を使って指定する場合，まず定数の型宣言と値の代入を行った後，定数 n を使って配列変数 A の大きさを指定する．

```
Const n As Integer = 10
Dim A(n) As Integer
Dim B(n, n) As Integer
```

1.2.6 IsEmpty 関数

データ数を求める際には，セルが空（Empty）かどうかを判定する「IsEmpty 関数」を利用する．下記のプログラムではセルが空になるまで Do～Loop ステートメントで繰り返し，カウンタ変数 i に繰り返し回数を記録する．

```
Sub データ数カウント()
'変数宣言
   Dim i As Integer
'データ数カウントと表示
   Do
      If IsEmpty(Cells(1 + i, 1).Value) Then Exit Do
      i = i + 1
   Loop
   Range("B2").Value = i
End Sub
```

プログラムを実行すると，ループを抜け出たときにデータ数(6)が得られる．

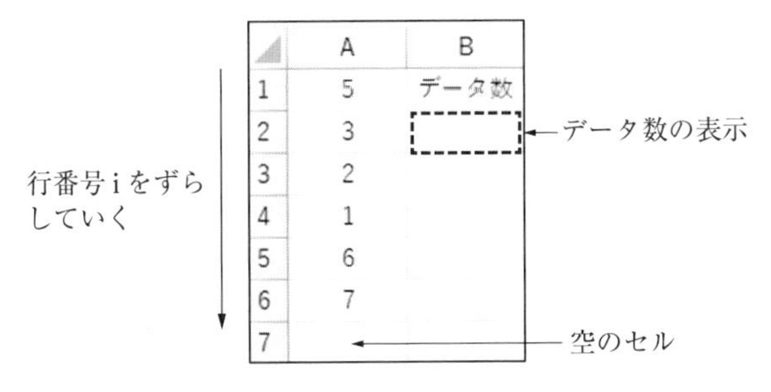

図 1.14　データ数の表示

付録　VBEの起動からプログラムの実行まで

VBA(Visual Basic for Applications)でプログラムを書くにはExcelのVBE(Visual Basic Editor)を起動する必要がある．Excelを起動した後，(1)VBEの起動，(2)プログラムの作成，(3)プログラムの実行を行う．

[1] VBEの起動

Excelのタブの［開発］→［Visual Basic］をクリックするとVBEが起動する．VBEメニューバーの［挿入］→［標準モジュール］をクリックすると「コードウィンドウ」が現れる．

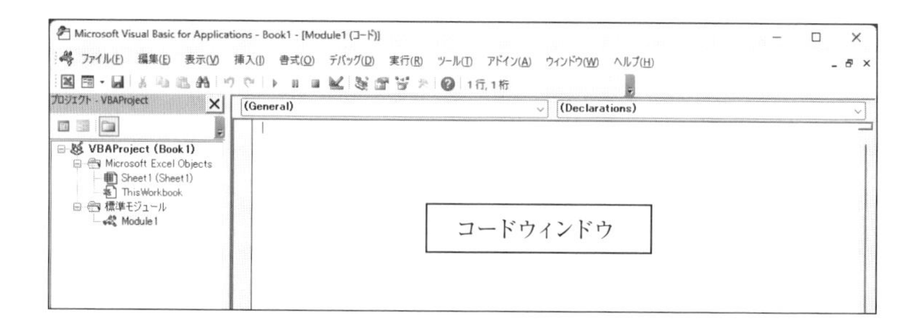

[2] プログラムの作成

コードウィンドウ上にプログラムを書く．

[3] プログラムの実行

① VBE画面からプログラムを実行する場合には，「Sub･･･()」と「End Sub」の間にカーソルを置いて，ツールバー上の［実行］ボタンを押す．

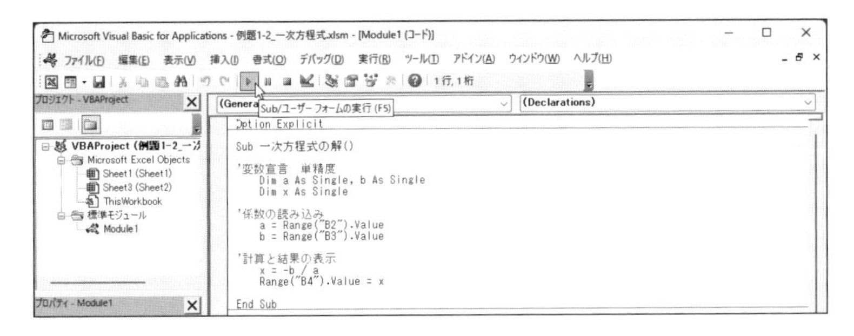

② Excel 画面上で実行する場合，［開発］タブ →［マクロ］を選択すると，［マクロ］ダイアログボックスが現れるので，マクロ名を選択して，［実行］ボタンを押す．

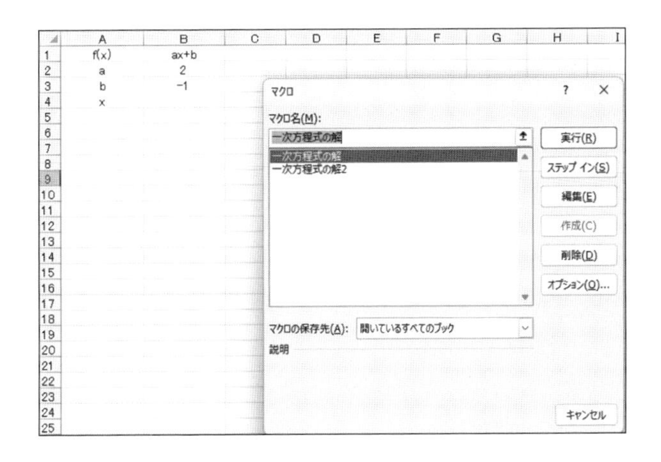

[4]［開発］タブが表示されていない場合

① Excel 画面上で［ファイル］タブをクリック →Excel の起動画面が現れる．画面左下の［オプション］をクリックする．

② 「Excel のオプション」ダイアログボックスが現れる．左の［リボンのユーザー設定］をクリック → 右のメインタブの［開発］にチェックを入れ，下部の［OK］ボタンを押す．

→Excel 画面に戻ると，［開発］タブが表示されている．

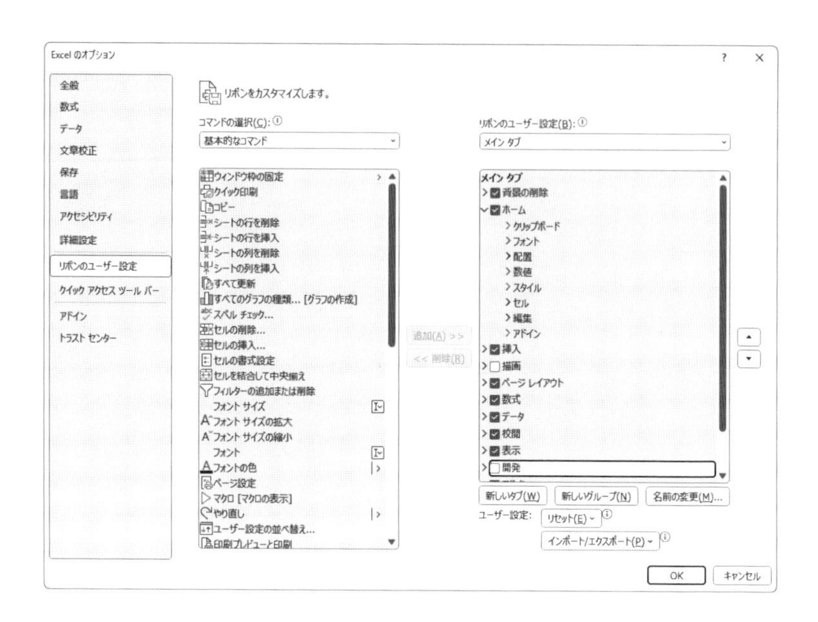

[5] 変数宣言の強制

変数の型宣言はプログラムにおいて必要なので，メインプロシージャの前に「Option Explicit」を記述することになるが，毎回手入力をするのは大変なので，「Option Explicit」が自動的に記述されるオプションを利用する．

① VBE の［ツール］―［オプション］をクリック →「オプション」ダイアログボックスの［編集］タブの［変数の宣言を強制する］にチェックを入れ，［OK］ボタンを押す．

② 次回 Excel を立ち上げたときから，VBE の画面では先頭に「Option Explicit」が自動的に入力されている．

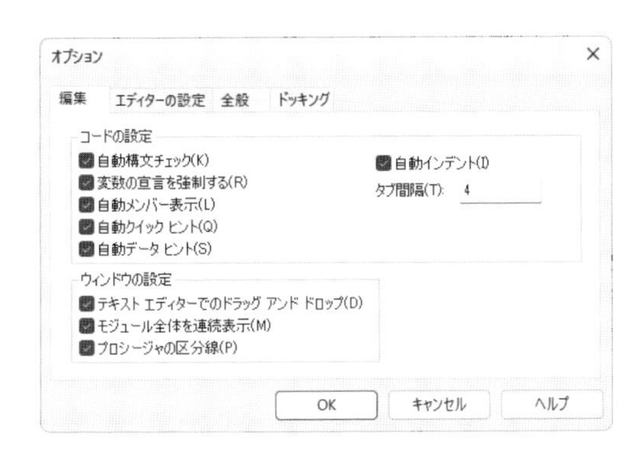

Excel VBA を基礎から学びたい方へ

Excel VBA 学習書として下記の本をおすすめする．

村木正芳著『工学のための VBA プログラミング基礎』東京電機大学出版局，2009 年．

本書は，工学計算用の VBA に特化して，プログラムの基礎から応用までを網羅しており，また VBE の詳しい操作も解説している．一読いただき，Excel VBA のスキル向上に役立てていただければ幸いである．

第2章　非線形方程式

線形関数は，1次関数のことを指し，非線形関数はそれ以外のものを指す．グラフにすると**図2.1**に示すように直線と曲線の違いである．非線形方程式では解析解が得られないことが多いので，その代わりに近似解を求める必要がある．特に設計分野では，非線形方程式の数値解法が役に立つ．

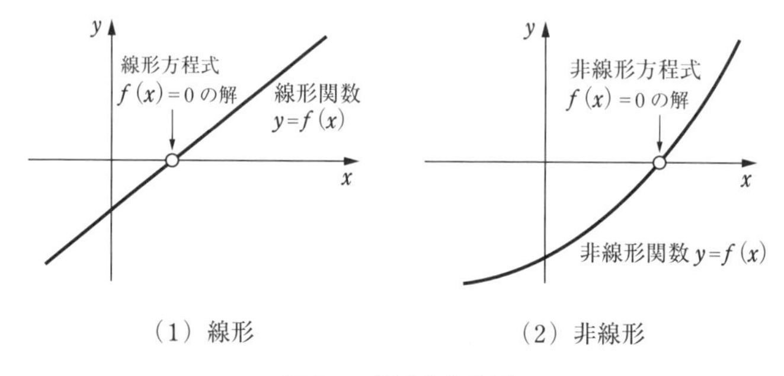

図2.1　線形と非線形

2.1　解を求めるための準備

微分項や積分項を含まない変数が1つの線形方程式は，次のような式である．

$$2x + 3 = 0$$

一方，非線形方程式は，関数が多項式の代数方程式

$$f(x) = a_0x^n + a_1x^{n-1} + \cdots + a_{n-1}x + a_n = 0$$

と三角関数や指数関数などを含む超越方程式に分けられる．

$$\sin x - x = 0$$

$$e^x - x + 3 = 0$$

非線形方程式の解法ではいずれも初期値を与えるところから始まることになるが，初期値が不適当な値であると，解が求まらない場合もある．そこであらかじめ概略のグラフを描くなどの手段により，解がどの範囲にあるかを確認しておく必要がある．

本章で紹介する各解法に共通する方程式の例題が，$f(x) = x^3 + 2x - 1 = 0$ である．近似解を求める際にグラフによりおおよその解の存在範囲を求めると，**図 2.2** に示すように，0 から 1 の範囲にあることがわかる．

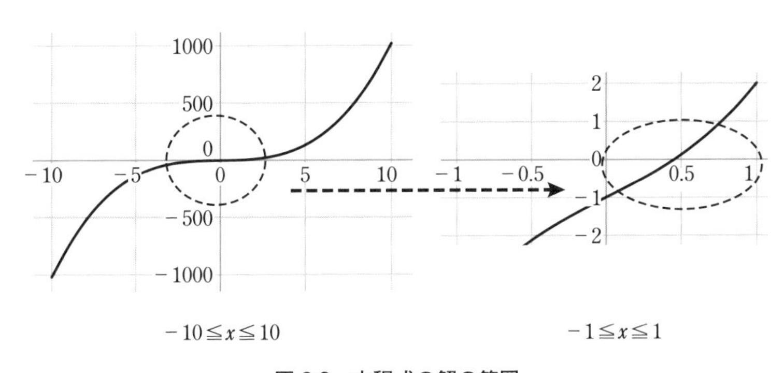

図 2.2　方程式の解の範囲

2.2 二分法

2.2.1　二分法の原理と手順

方程式 $f(x) = 0$ の解あるいは $f(x) \approx 0$ の近似解が存在すると思われる区間において $f(x)$ の符号を調べながら，しだいに区間の幅を狭めていく方法を区間縮小法という．区間縮小法において，区間の幅の縮小の仕方はいくつか考えられるが，2 分の 1 ずつに縮小していく二分法が一般的である．**図 2.3** に二分法の解法の手順を示す．

① 非線形方程式 $f(x)$ の $f(a)f(b) < 0$ となる a と b を見つける．

② a と b の中点 c の $f(c)$ を求める.

③ **図 2.3** に示すように,**(1)** $f(c)f(b) < 0$ あるいは **(2)** $f(c)f(b) > 0$ の場合に分かれる.

④ **(1)** の場合には区間の始まりを c とし,**(2)** の場合には区間の終わりを c とし区間を狭めていき,収束判定の条件が満足されるまで反復計算を行う.

具体的な計算例として,方程式 $x^3 + 2x - 1 = 0$ の近似解を求める.繰り返し計算の収束と見なす許容誤差は 10^{-5} とする.

① x に適当な値 0 と 1 を代入して $f(x)$ の符号の変化を調べる.

$$f(0) = -1,\quad f(1) = 2$$

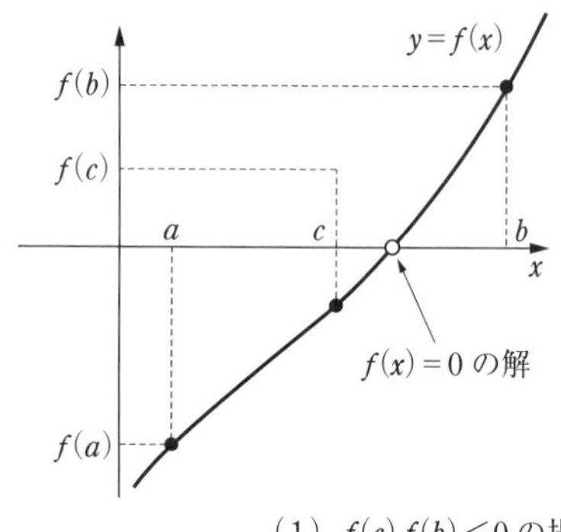

(1) $f(c)f(b) < 0$ の場合

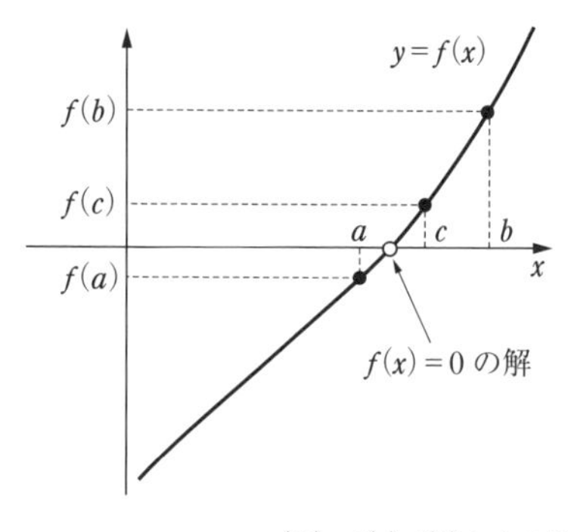

(2) $f(c)f(b) > 0$ の場合

図 2.3 二分法による解の求め方

$f(0)$ と $f(1)$ とで符号が逆になると $f(0)f(1) < 0$ になるから，区間[0, 1]内で $f(\alpha) = 0$ となる解 α が存在することになる．

② 区間[0, 1]を 2 等分し，中間値を x =0.5 とおいて，[0, 0.5]と[0.5, 1]に分ける．

$$f(0.5) = 0.125 \text{ なので，} \quad f(0)f(0.5) < 0, \quad f(0.5)f(1) > 0$$

したがって，区間[0, 0.5]に α が存在することになる．

③ 上記と同様の操作を繰り返す．

....

④ 始めから繰り返し操作を 17 回行うと，16 回目の近似解との差 8×10^{-6}（誤差）が，許容誤差 10^{-5} 以内に収まるので，17 回目の解を近似解とする．

2.2.2 二分法のプログラム

図 2.4 に前述の解法の手順を基にしたプログラムの流れ図を示す．

例題 2-1

方程式 $f(x) = x^3 + 2x - 1 = 0$ の解を二分法により求め，計算回数，x の近似値，誤差，関数の値を順次表示するプログラム「二分法 1」を作成し，実行しなさい．

	A	B	C	D
1	f(x)	x^3+2x-1		
2	初期値 a	0		
3	初期値 b	1		
4	許容誤差 ε	1.00E-05		
5	解			
6	計算回数	xの近似値	誤差	関数の値
7				

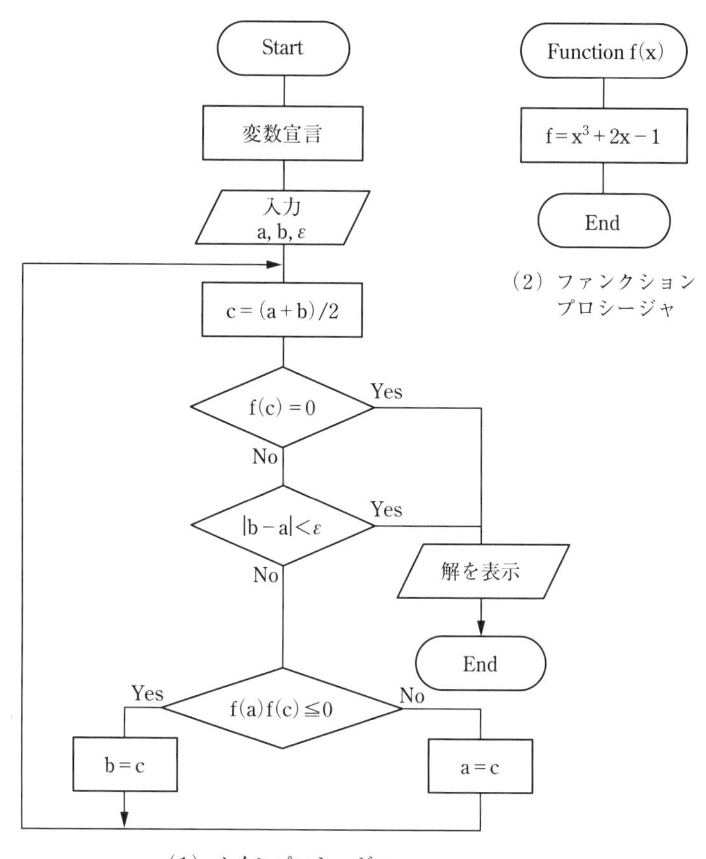

図 2.4　二分法の流れ図

解答

◆プログラム

```
Sub 二分法 1()                ←アラビア数字は行頭に使えないので漢数字
                              「二」にする
'変数宣言
    Dim a As Double, b As Double, c As Double
    Dim ε As Double, err As Double      'ε：許容誤差
    Dim i As Integer

'初期値の入力
```

```
    a = Range("B2").Value
    b = Range("B3").Value
    ε = Range("B4").Value

'計算と表示
    Do
        i = i + 1
        c = (a + b) / 2
        If f(c) = 0 Then Exit Do
        If f(a) * f(c) < 0 Then
            b = c
        Else
            a = c
        End If
        err = Abs(b - a)
        Cells(6 + i, 1).Value = i
        Cells(6 + i, 2).Value = c
        Cells(6 + i, 3).Value = err
        Cells(6 + i, 4).Value = f(c)
    Loop Until err < ε
    Range("B5").Value = c

End Sub
```

←-- $f(a)f(c)<0$ であれば，a<x<c に解が存在するので，c の値を b に代入する

```
Function f(x As Double) As Double

    f = x ^ 3 + 2 * x - 1

End Function
```

◆**実行結果**

	A	B	C	D
1	f(x)	x^3+2x-1		
2	初期値 a	0		
3	初期値 b	1		
4	許容誤差 ε	1.00E-05		
5	解	0.453392		
6	計算回数	xの近似値	誤差	関数の値
7	1	0.500000	0.500000	0.125000
8	2	0.250000	0.250000	-0.484375
9	3	0.375000	0.125000	-0.197266
22	16	0.453384	0.000015	-0.000035
23	17	0.453392	0.000008	-0.000015

計算を繰り返すたびに誤差は半分になる

許容誤差以内

図 2.5 に二分法による計算結果を示す．

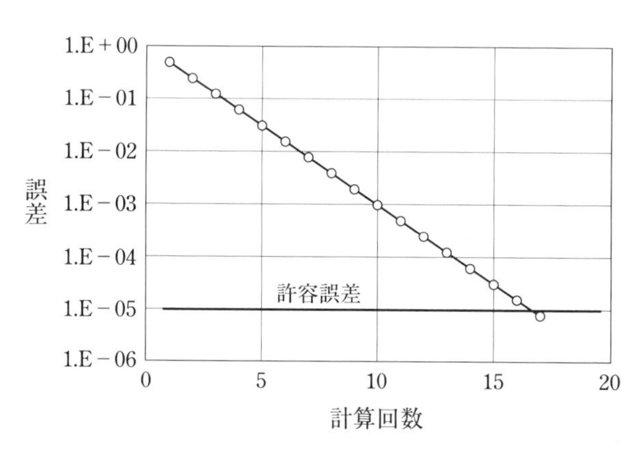

図 2.5　二分法による計算結果

2.2.3　二分法の長所と短所

二分法の長所としては次の点が挙げられる．

①　$f(a)f(b) < 0$ となる a と b が見つかれば必ず解が求められる．

②　後述するニュートン法のような導関数が不要である．

一方，短所としては次の点が挙げられる．

① 収束までの繰り返し計算回数が多くなる．

収束速度は，$|b - a| = h$ とすると，2 点間の距離は 1 回の繰り返し計算で $h/2$，2 回の繰り返し計算で $h/2^2$，i 回の繰り返し計算で $h/2^i$ となる．

② 重解は求められない．

$f(x) = (x - \alpha)^2 = 0$ のような方程式では，$f(a)f(b) < 0$ となる a と b を見つけることができないので，二分法では解 α が求められない．

練習問題 2-1

方程式 $f(x) = x^3 - 2 = 0$ の解を二分法により求めるプログラム「二分法 2」を作成し，実行しなさい．

解答

$f(1) = -1$，$f(2) = 6$ なので，初期値を $a = 1$，$b = 2$ とおく．メインプロシージャはプログラム「二分法」と同じで，ファンクションプロシージャのみ下記のように変更する．許容誤差を 1E − 5（$= 10^{-5}$）とすると，計算回数 17 回目で収束し，解は 1.259926 である．

◆プログラム

```
Function f(x As Double) As Double

    f = x ^ 3 - 2

End Function
```

2.3 ニュートン法

2.3.1 ニュートン法の原理と手順

関数 $f(x)$ が微分可能であるとき，$f(x)$ の導関数 $f'(x)$ を利用して方程式 $f(x) = 0$ の根を求めることができる．この方法をニュートン法あるいはニュートン・ラフソン法と呼ぶ．

図 2.6 に示す曲線 $y = f(x)$ において，求めようとする $f(x) = 0$ の解は曲線と x

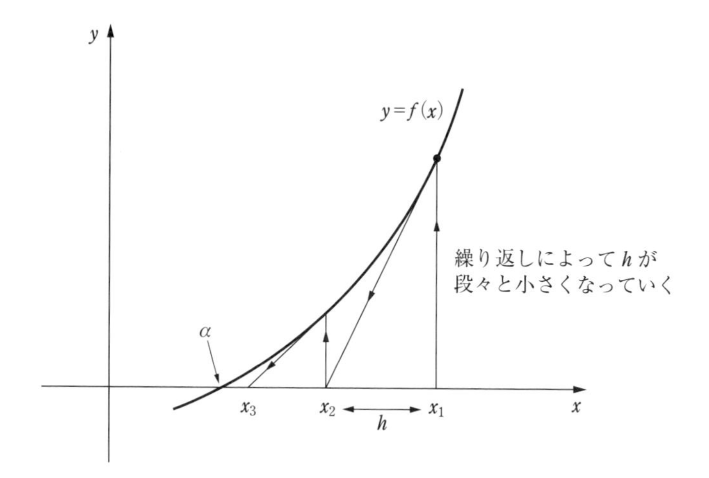

図 2.6　ニュートン法による解の求め方

軸との交点 α である．ニュートン法では，まず任意の点 x_1 を選んで，そこでの接線と x 軸との交点 x_2 を次の近似値とする．同様の操作を繰り返すと，接線と x 軸との交点は段々と解 α に近づいていく．曲線 $y = f(x)$ の $x = x_1$ における接線の方程式は次式で表される．

$$y = f'(x_1)(x - x_1) + f(x_1) \tag{2.1}$$

接線と x 軸との交点を $(x_2, 0)$ とすると，x_2 は式(2.1)において $x = x_2$ とおいた次式から求められる．

$$0 = f'(x_1)(x_2 - x_1) + f(x_1)$$

$$\therefore \quad x_2 = x_1 - \frac{f(x_1)}{f'(x_1)} \tag{2.2}$$

ここで，$h = \dfrac{f(x_1)}{f'(x_1)}$ とおくと $h = x_1 - x_2$ である．

一般的な形で表すと，i+1 回目の近似解 x_{i+1} は，i 回目の近似解 x_i と h を用いて次式で表される．

$$x_{i+1} = x_i - h \tag{2.3}$$

適当な近似値から出発して $i = 1, 2, 3, \cdots$ と進めることで，$f'(x)$ と x 軸との交点を，段々と曲線 $f(x)$ と x 軸との交点である解 α に近づけていくことができる．

ニュートン法では，関数 $f(x)$ が比較的単調な変化である場合には，少ない繰り返しによって正しい近似解が得られるが，後述するように，初期値の選び方によっては収束しない場合がある．あらかじめ解のおよその値を知って，初期値を設定し直す必要がある．

また，ニュートン法では収束しない場合があるので，無限反復を避ける工夫が必要になる．

2.3.2 ニュートン法のプログラム

図 2.7 に方程式 $f(x) = x^3 + 2x - 1 = 0$ の近似解を求めるニュートン法によるプログラムの流れを示す．

例題 2-2

方程式 $f(x) = x^3 + 2x - 1 = 0$ の解をニュートン法により求め，計算回数，x の近似値，誤差，関数の値を順次表示するプログラム「ニュートン法 1」を作成し，実行しなさい．

	A	B	C	D
1	f(x)	x^3+2x-1		
2	df(x)	$3x^2$+2		
3	初期値 x	1		
4	許容誤差 ε	1.00E-05		
5	解			
6	計算回数	xの近似値	誤差	関数の値
7				

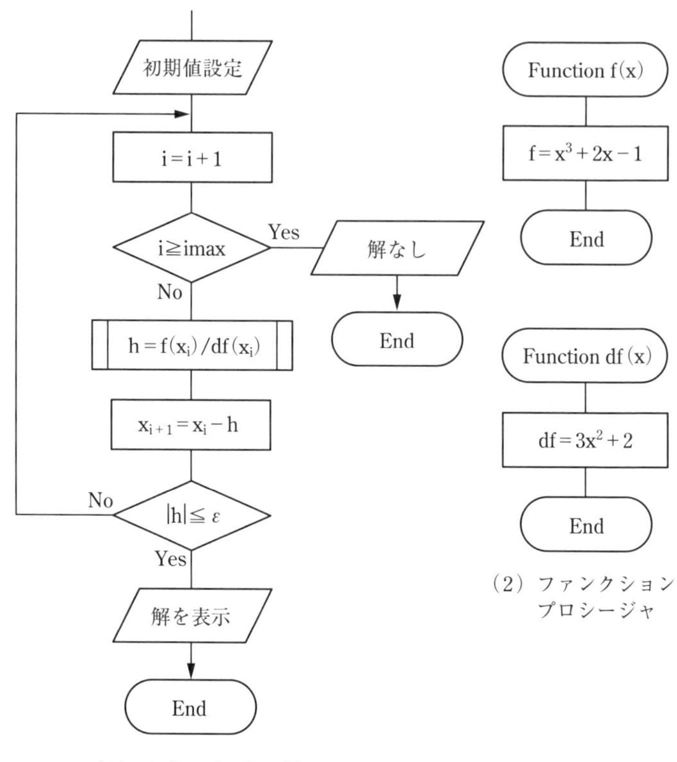

図 2.7　ニュートン法のプログラムの流れ図

解答

◆プログラム

```
Sub ニュートン法1()

'変数宣言
    Dim ε As Double
    Dim x As Double, h As Double
    Dim i As Integer, imax As Integer

'許容誤差と初期値の入力
    ε = Range("B4").Value
    x = Range("B3").Value
    imax = 20
```

```
'ファンクションプロシージャの呼び出しと表示
    Do
        i = i + 1
        If i >= imax Then
            Cells(6 + i, 2).Value = "解なし"
            End                    ←--繰り返し回数 i が imax に達したら
        End If                        プログラムを終了する
        h = f(x) / df(x)
        x = x - h
        Cells(6 + i, 1).Value = i
        Cells(6 + i, 2).Value = x
        Cells(6 + i, 3).Value = Abs(h)
        Cells(6 + i, 4).Value = f(x)
    Loop Until Abs(h) < ε
    Range("B5").Value = x

End Sub
```

```
Function f(x As Double) As Double

    f = x ^ 3 + 2 * x - 1

End Function
```

```
Function df(x As Double) As Double

    df = 3 * x ^ 2 + 2        ←--f' を df としている

End Function
```

Column 【ニュートン（1642 - 1727)】アイザック・ニュートン

イギリスの数学者，物理学者，天文学者．主要な業績として，一般に「ニュートン力学」として知られる古典力学と微積分法の創始が挙げられる．物質に働く力としての概念において，万有引力を提唱し，これが天文学を含む古典力学において重要な中核的な役割を果たすこととなった．現在の国際単位系（SI）における力の計量単位であるニュートンは彼の名にちなむ．自然科学分野で実験事実を正確に示す定式化に成功し，人類史における科学の重要な転換点となった．

◆**実行結果**

	A	B	C	D
1	f(x)	x^3+2x-1		
2	df(x)	$3x^2+2$		
3	初期値 x	1		
4	許容誤差 ε	1.00E-05		
5	解	0.453398		
6	計算回数	xの近似値	誤差	関数の値
7	1	0.6000000	0.4000000	0.4160
8	2	0.4649351	0.1350649	0.0304
9	3	0.4534672	0.0114679	0.0002
10	4	0.4533977	0.0000695	0.0000
11	5	0.4533977	0.0000000	0.0000

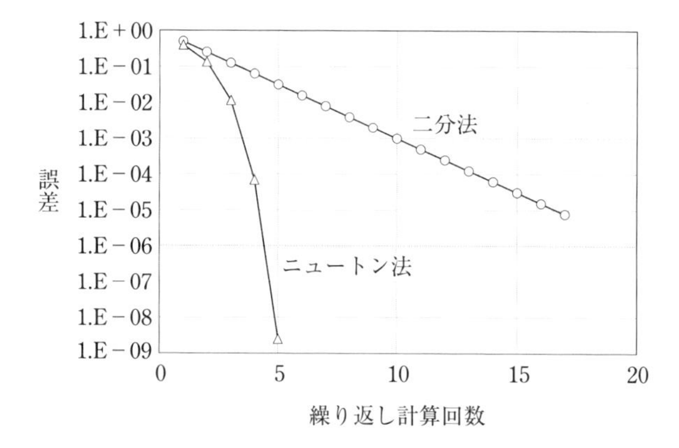

図 2.8　ニュートン法による計算結果

2.3.3　ニュートン法の長所と短所

ニュートン法の長所としては次の点が挙げられる．

① 初期値が適当であれば，収束までの計算回数が少なくてすむ．

一方，短所としては次の点が挙げられる．

① 導関数が求められない場合は使えない．

② 初期値の選び方によっては収束しない場合がある．

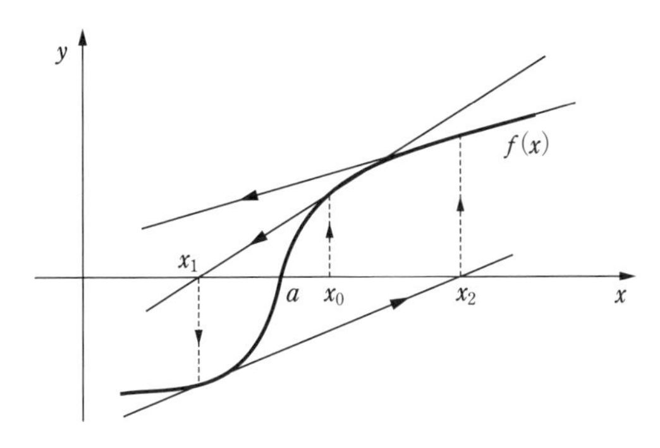

図 2.9　初期値が不適当な場合

図 2.9 は初期値が不適当な場合で，x_0 から x_1, x_2 と，繰り返し計算にともなって解 α からどんどん遠ざかっていく．このような場合，x_0 より解に近い初期値（変曲点より左側）を選ぶと正しい近似解が得られる．

非線形方程式の数値解法として多用されるのが二分法とニュートン法であるが，どちらが適しているかは問題に依存する．繰り返し計算が発散することがないとわかっている場合には，計算速度が速いニュートン法が適している．

一方，方程式が複雑で解がよくわからない場合には二分法が適することも多い．それぞれの長所／短所を理解して，計算に適する解を選ぶことが重要である．

練習問題 2-2　方程式 $f(x) = 1 + x - \sin x = 0$ の解をニュートン法により求めるプログラム「ニュートン法 2」を作成し，実行しなさい．

解答　メインプロシージャはプログラム「ニュートン法 1」と同じで，ファンクションプロシージャのみ下記のように変更する．初期値を 1，許容誤差を 1E−5 とすると，計算回数 5 回目で収束し，解は −1.934563 である．

◆プログラム

```
Function f(x As Double) As Double
    f = 1 + x - Sin(x)
End Function
```

```
Function df(x As Double) As Double
    df = 1 - Cos(x)
End Function
```

2.4 割線法

2.4.1 割線法の原理と手順

割線法（セカント法ともいう）は，ニュートン法と似たやり方で近似値を求める方法である．すでに示したように，ニュートン法の場合，初期値 x_1 における接線を用いて次の近似解 x_2 を求めた．

$$x_2 = x_1 - \frac{f(x_1)}{f'(x_1)} \tag{2.4}$$

ところが導関数 $f'(x)$ を求めることができない場合，式(2.4)は使えない．そこで**図 2.10** に示すように接線の代わりに x_1 と x_2 の 2 点を通る直線を用いるのが割線法である．

図中の点 $P_1\,[x_1,\,f(x_1)]$ と $P_2\,[x_2,\,f(x_2)]$ を結ぶ直線は次式で表される．

$$y = \frac{f(x_2) - f(x_1)}{x_2 - x_1}(x - x_1) + f(x_1) \tag{2.5}$$

したがって，x 軸との交点 x_3 は次式で与えられる．

$$x_3 = \frac{x_1 f(x_2) - x_2 f(x_1)}{f(x_2) - f(x_1)} \tag{2.6}$$

次に x_2 の値を x_1 に，x_3 の値を x_2 に代入して，x 軸との交点を段々と解 α に近

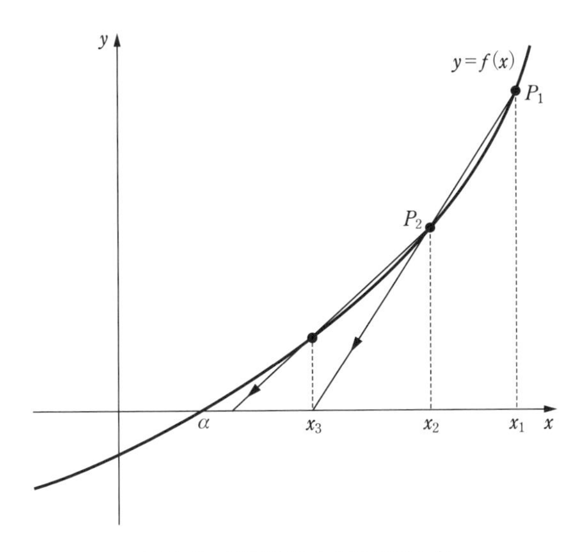

図 2.10　割線法による解の求め方

づけていく.

なお，ニュートン法と同様，初期値が適当でないとき収束しないので，繰り返しの限度を定めておく.

計算例として割線法により，関数 $f(x) = x^3 + 2x - 1$ の近似解を求める.

① 初期値 $x_1 = 0$ と $x_2 = 1$ とおくと，$f(0) = -1$，$f(1) = 2$ である.

② $x_3 = \dfrac{1}{2-(-1)} = 0.333\cdots$

③ 同様にして，$x_4 = 0.4736\cdots$

　　　　……………………………

6 回目の繰り返し計算で $|x_{i+1} - x_i| \leqq \varepsilon$ を満足するので収束したと見なす.

2.4.2 割線法のプログラム

例題 2-3

方程式 $x^3 + 2x - 1 = 0$ の解を割線法により求め，計算回数，x の近似値，誤差，関数の値を順次表示するプログラム「割線法」を作成し，実行しなさい．

	A	B	C	D
1	f(x)	x^3+2x-1		
2	初期値 x1	1		
3	初期値 x2	0		
4	許容誤差 ε	1.00E-05		
5	解			
6	計算回数	xの近似値	誤差	関数の値
7				

解答

◆プログラム

```
Sub 割線法 ()

'変数宣言
    Dim x1 As Double, x2 As Double, x3 As Double
    Dim ε As Double
    Dim i As Integer, imax As Integer

'許容誤差と初期値の入力
    x1 = Range("B2").Value
    x2 = Range("B3").Value
    ε = Range("B4").Value
    imax = 20

'ファンクションプロシージャの呼び出しと表示
    Do
        i = i + 1
        If i >= imax Then
            Cells(6 + i, 2).Value = "解なし"
            End
        End If
        x3 = (x1 * f(x2) - x2 * f(x1)) / (f(x2) - f(x1))
        x1 = x2
```

```
        x2 = x3
        Cells(6 + i, 1).Value = i
        Cells(6 + i, 2).Value = x2
        Cells(6 + i, 3).Value = Abs(x1 - x2)
        Cells(6 + i, 4).Value = f(x2)
    Loop Until Abs(x1 - x2) < ε
    Range("B5").Value = x2

End Sub
```

```
Function f(x As Double) As Double

    f = x ^ 3 + 2 * x - 1

End Function
```

◆実行結果

	A	B	C	D
1	f(x)	x^3+2x-1		
2	初期値 x1	1		
3	初期値 x2	0		
4	許容誤差 ε	1.00E-05		
5	解	0.453398		
6	計算回数	xの近似値	誤差	関数の値
7	1	0.3333333	0.3333333	-0.2963
8	2	0.4736842	0.1403509	0.0537
9	3	0.4521664	0.0215178	-0.0032
10	4	0.4533846	0.0012182	0.0000
11	5	0.4533977	0.0000130	0.0000
12	6	0.453397652	8.3402E-09	-1.4788E-13

図 2.11 に割線法による計算結果を示す.

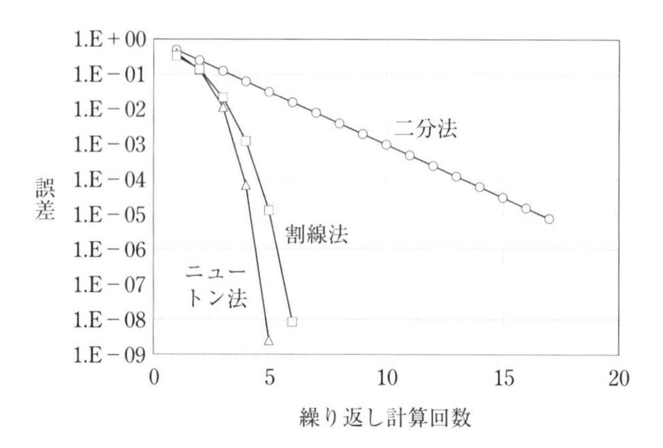

図 2.11　割線法による計算結果

2.5 反復法

反復法（単純代入法とも呼ばれる）は，方程式 $f(x) = 0$ を変形して $x = g(x)$ の形にし，$f(x) = 0$ の解を直線 $y = x$ と曲線 $y = g(x)$ の交点として求める方法である．図 2.12 に示すように，初期値 x_1 から $x_2 = g(x_1)$ を求め，次いで $x_3 = g(x_2), \cdots, x_{n+1} = g(x_n)$ というように，順次解に近づけていく．

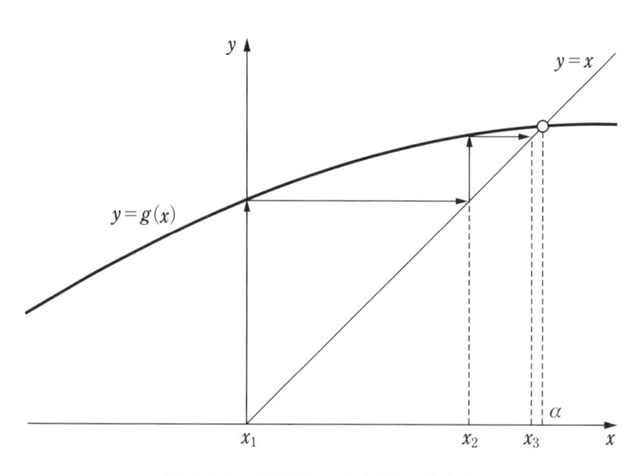

図 2.12　反復法による解の求め方

次に反復法により，関数 $f(x) = x^3 + 2x - 1$ の近似解を求める流れを説明する．

① $x = g(x) = \dfrac{-x^3 + 1}{2}$ の形にする．

② 初期値 $x_1 = 0$ とおく．

③ $x_2 = g(x_1) = \dfrac{0 + 1}{2} = 0.5$

④ $x_3 = g(x_2) = \dfrac{-0.5^3 + 1}{2} = 0.4375$

…………………………

10 回目の繰り返し計算で $|x_{i+1} - x_i| \leqq \varepsilon$ を満足するので収束したと見なす．

例題 2-4

方程式 $x^3 + 2x - 1 = 0$ の解を反復法により求め，計算回数，x の近似値，誤差を順次表示するプログラム「反復法」を作成し，実行しなさい．

	A	B	C
1	g(x)	(-x^3+1)/2	
2	初期値 x	0	
3	許容誤差 ε	1.00E-05	
4	解		
5	計算回数	xの近似値	誤差
6			

解答

◆プログラム

```
Sub 反復法 ()

'変数宣言
    Dim x As Double, x1 As Double, err As Double
    Dim ε As Double
    Dim i As Integer, imax As Integer

'許容誤差と初期値の入力
    x = Range("B2").Value
    ε = Range("B3").Value
```

```
    imax = 20

'ファンクションプロシージャの呼び出しと表示
    Do
        i = i + 1
        If i >= imax Then
            Cells(6 + i, 2).Value = "解なし"
            End
        End If
        x1 = g(x)
        err = Abs(x1 - x)
        x = x1
        Cells(5 + i, 1).Value = i
        Cells(5 + i, 2).Value = x1
        Cells(5 + i, 3).Value = err
    Loop Until err < ε
    Range("B4").Value = x1

End Sub
```

```
Function g(x As Double) As Double

    g = (-x ^ 3 + 1) / 2

End Function
```

◆実行結果

	A	B	C
1	g(x)	$(-x^3+1)/2$	
2	初期値 x	0	
3	許容誤差 ε	1.00E-05	
4	解	0.453396	
5	計算回数	xの近似値	誤差
6	1	0.5000000	0.5000000
7	2	0.4375000	0.0625000
14	9	0.4534018	0.0000174
15	10	0.4533964	0.0000054

図 2.13 に反復法による計算結果を示す.

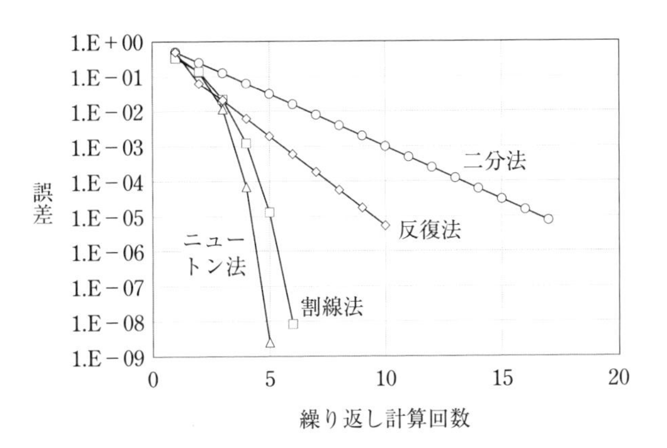

図 2.13　反復法による計算結果

章末問題

問題 2-1 次の方程式 $f(x) = 0$ の解を求めるために，$x = -1 \sim 1$ の範囲で $f(x)$ の変化をグラフ化し，①二分法，②ニュートン法，③割線法，④反復法により，収束するまでの計算回数を比較しなさい．許容誤差は 1E-5 とする．

(1) $\cos x + x = 0$

(2) $e^x + x = 0$

問題 2-2 転がり軸受や歯車などの機械要素の転がり面における潤滑油膜のせん断抵抗を表すのに次の非線形方程式が用いられる*.

$$S - \sinh^{-1}\{\Sigma \exp(-\Phi \Sigma S)\} = 0$$

式中のパラメータはすべて無次元量で，S はせん断応力，Σ はせん断速度，Φ は温度上昇である．二分法により S を求めるプログラム「無次元せん断応力」を作成し，$\Sigma = 1$，$\Phi = 0.1$ における S の近似解を求めなさい．

	A	B
1	初期値 a	0.1
2	初期値 b	3
3	許容誤差 ε	1.00E-05
4	解	

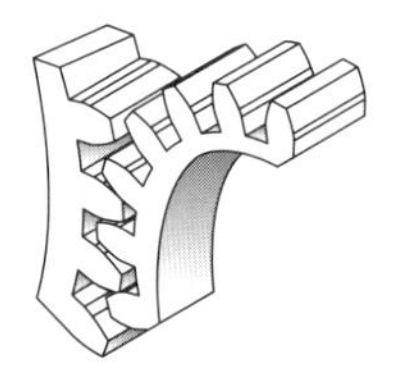

*) 村木正芳，木村好次：日本機械学会論文集，C, 55, 520 (1989) 3048.

第3章 行列計算と連立1次方程式

未知数（変数）の数だけ方程式が連立した，次数が1の多元の方程式の組を連立1次方程式という．基本的な解法は，四則演算により未知数を1つに絞り込んで行く消去法と，未知数を収束計算により求める反復法である．

本章ではまず連立1次方程式の解法の基礎となる行列計算の方法について解説する．行列の計算は，例えば，トラス構造の橋（**図3.1**）の強度計算や，座標変換（**図3.2**）を行う際に用いられる．

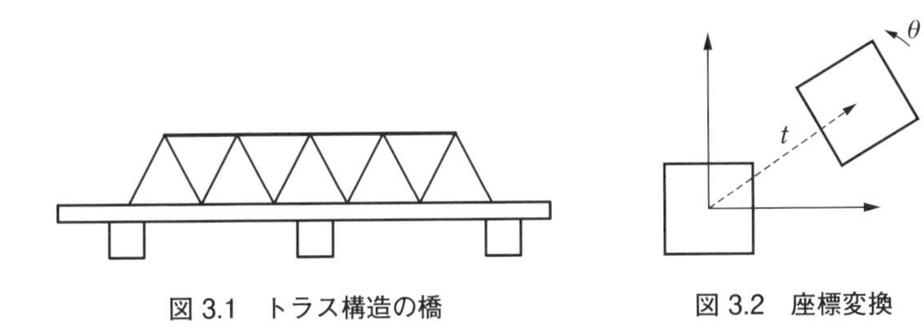

図3.1　トラス構造の橋

図3.2　座標変換

3.1 行列

3.1.1 行列の定義

複数の数を縦や横に並べてカッコで囲んだものを行列といい，並べた数を成分（あるいは要素）という．また，行列成分の横の並びを行，縦の並びを列という．

$(a \ \ b)$ は1行2列，$\begin{pmatrix} x \\ y \\ z \end{pmatrix}$ は3行1列，$\begin{pmatrix} a & b & c \\ d & e & f \\ g & h & i \end{pmatrix}$ は3行3列の行列である．

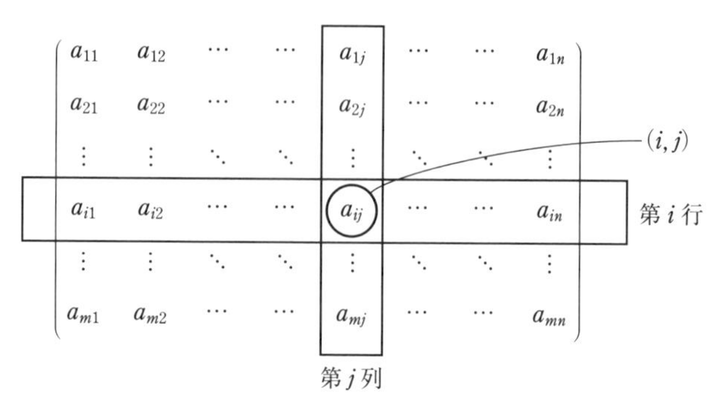

図 3.3 行列の成分

一般に，m 個の行と n 個の列からなる行列のことを $m \times n$ 行列といい，$n \times n$ 行列のように，行数と列数が等しいとき n 次の正方行列という．

図 3.3 において，第 i 行 j 列の成分は a_{ij} と書く．行列を簡略化して表記する場合，次のように大文字太字イタリック体にすることが多い．

$$\boldsymbol{A} = \begin{pmatrix} a & b \\ c & d \end{pmatrix} \qquad \boldsymbol{B} = \begin{pmatrix} 1 & 5 \\ 3 & 6 \end{pmatrix}$$

また，行列の成分を横に並べたものを行ベクトル，行列の成分を縦に並べたものを列ベクトルという．

$$(a_1, a_2, \cdots, a_n) \quad \text{行ベクトル} \qquad \begin{pmatrix} b_1 \\ b_2 \\ \vdots \\ b_m \end{pmatrix} \quad \text{列ベクトル}$$

$(a \ \ b)$ は 2 次元行ベクトル，$\begin{pmatrix} x \\ y \\ z \end{pmatrix}$ は 3 次元列ベクトルである．

3.1.2 対角行列，単位行列，零行列，逆行列

正方行列において，対角線上の成分を対角成分（枢軸要素あるいはピボット）という．対角成分以外の成分が 0 の行列を対角行列，対角成分よりも左下の成分

がすべて 0 の行列を上三角行列，対角成分よりも右上の成分がすべて 0 の行列を下三角行列という．

$$\begin{pmatrix} 20 & 0 & 0 \\ 0 & 30 & 0 \\ 0 & 0 & 40 \end{pmatrix} \quad \begin{pmatrix} 20 & 30 & 40 \\ 0 & 30 & 40 \\ 0 & 0 & 40 \end{pmatrix} \quad \begin{pmatrix} 20 & 0 & 0 \\ 30 & 30 & 0 \\ 40 & 40 & 40 \end{pmatrix}$$

対角行列　　上三角行列　　下三角行列

対角成分がすべて 1 の行列を単位行列といい，$\boldsymbol{E}$ で表す．単位行列は数の 1 にあたる．また，成分がすべて 0 の行列を零行列といい，$\boldsymbol{O}$ で表す．零行列は数の 0 にあたる．

$$\begin{pmatrix} 1 & 0 & 0 \\ 0 & 1 & 0 \\ 0 & 0 & 1 \end{pmatrix} \quad \begin{pmatrix} 0 & 0 & 0 \\ 0 & 0 & 0 \\ 0 & 0 & 0 \end{pmatrix}$$

単位行列 $\boldsymbol{E}$　　零行列 $\boldsymbol{O}$

実数 a が 0 でないとき，逆数 a^{-1} が存在し，$a \times a^{-1} = 1$ となる．正方行列の場合も同様に，行列 $\boldsymbol{A}$ に対して $\boldsymbol{A} \times \boldsymbol{B}^{-1} = \boldsymbol{B}^{-1} \times \boldsymbol{A} = \boldsymbol{E}$ が成り立つ行列 $\boldsymbol{B}$ があるとき，$\boldsymbol{B}$ を $\boldsymbol{A}$ の逆行列といい，$\boldsymbol{A}^{-1}$ で表す．逆行列は必ずしも存在するとは限らない．また，逆行列が存在する行列を正則行列という．

3.2 行列の計算

3.2.1 行列の和，差，実数倍

行列の和，差を計算するためには，行列の型（行数と列数）が同じでなければならない．いま，2 行 2 列の行列 $\boldsymbol{A}$ と行列 $\boldsymbol{B}$ を例にとると，次のようになる．

$$\text{和}\quad \boldsymbol{A} + \boldsymbol{B} = \begin{pmatrix} a & b \\ c & d \end{pmatrix} + \begin{pmatrix} a' & b' \\ c' & d' \end{pmatrix} = \begin{pmatrix} a + a' & b + b' \\ c + c' & d + d' \end{pmatrix} \tag{3.1}$$

$$\text{差}\quad \boldsymbol{A} - \boldsymbol{B} = \begin{pmatrix} a & b \\ c & d \end{pmatrix} - \begin{pmatrix} a' & b' \\ c' & d' \end{pmatrix} = \begin{pmatrix} a - a' & b - b' \\ c - c' & d - d' \end{pmatrix} \tag{3.2}$$

すなわち，行列の和，差は各成分の和，差を計算することである．成分を使って説明をすると，次のようになる．$\boldsymbol{A}=(a_{ij})$，$\boldsymbol{B}=(b_{ij})$ がともに $m \times n$ 行列とすると，和の行列 $\boldsymbol{C}=\boldsymbol{A}+\boldsymbol{B}$，$\boldsymbol{C}=(c_{ij})$ の型も $m \times n$ 行列である．

$$c_{ij}=a_{ij}+b_{ij}$$

また，行列 $\boldsymbol{A}$ に実数 k を掛けたものは $k\boldsymbol{A}$ と表す．

$$\text{実数倍}\quad k\boldsymbol{A}=k\begin{pmatrix} a & b \\ c & d \end{pmatrix}=\begin{pmatrix} ka & kb \\ kc & kd \end{pmatrix} \tag{3.3}$$

練習問題 3-1 次の行列計算をしなさい．

$$2\begin{pmatrix} 1 & 2 \\ 3 & -4 \end{pmatrix}-3\begin{pmatrix} 5 & 6 \\ -4 & 2 \end{pmatrix}$$

解答

$$2\begin{pmatrix} 1 & 2 \\ 3 & -4 \end{pmatrix}-3\begin{pmatrix} 5 & 6 \\ -4 & 2 \end{pmatrix}=\begin{pmatrix} 2 & 4 \\ 6 & -8 \end{pmatrix}+\begin{pmatrix} -15 & -18 \\ 12 & -6 \end{pmatrix}$$
$$=\begin{pmatrix} -13 & -14 \\ 18 & -14 \end{pmatrix}$$

3.2.2 行列の積

[1] $1 \times n$ 行列と $n \times 1$ 行列の積

行列の積は，次の例に示すように，左側の行列は左から右に，右側の行列は上から下に進んで各成分の積の組み合わせをつくり，それらの和で与えられる．したがって，行列の積が成立するためには，左側の行列の列数と右側の行列の行数が等しくなければならない．

$$(a \quad b)\times\begin{pmatrix} p \\ q \end{pmatrix}=(ap+bq)$$

拡張して，$1 \times n$ 行列と $n \times 1$ 行列の積の場合には次のようになる．

$$\xrightarrow[(a_{11}, a_{12}, \cdots, a_{1n})]{k} \begin{pmatrix} b_{11} \\ b_{21} \\ \vdots \\ b_{n1} \end{pmatrix} \Bigg\downarrow k = (c_{11})$$

ここで，k を各成分の積の組み合わせの進行順番，n を左側の列数と右側の行数として表すと，次式の形になる

$$c_{11} = a_{11}b_{11} + a_{12}b_{21} + \cdots + a_{1n}b_{n1} = \sum_{k=1}^{n} a_{1k}b_{k1}$$

[2] $\boldsymbol{m \times n}$ 行列と $\boldsymbol{n \times 1}$ 行列の積

左側の行列の行数が増えた場合は，下記のように計算する．

$$\begin{pmatrix} a & b \\ c & d \end{pmatrix} \times \begin{pmatrix} p \\ q \end{pmatrix} = \begin{pmatrix} ap + bq \\ cp + dq \end{pmatrix} \tag{3.4}$$

拡張して，$\boldsymbol{A} = (a_{ij})$ を $m \times n$ 行列，$\boldsymbol{B} = (b_{ij})$ を $n \times 1$ 行列とすると，その積 $\boldsymbol{C} = (c_{ij})$ は $m \times 1$ 行列になる．

$$\begin{pmatrix} a_{11} & a_{12} & \cdots & a_{1n} \\ \vdots & \vdots & \vdots & \vdots \\ a_{i1} & a_{i2} & \cdots & a_{in} \\ \vdots & \vdots & \vdots & \vdots \\ a_{m1} & a_{m2} & \cdots & a_{mn} \end{pmatrix} \begin{pmatrix} b_{11} \\ b_{21} \\ \vdots \\ b_{n1} \end{pmatrix} = \begin{pmatrix} c_{11} \\ \vdots \\ c_{i1} \\ \vdots \\ c_{m1} \end{pmatrix}$$

ここで，$\boldsymbol{C}$ の第 i 行 1 列の成分は次式で表される．

$$c_{i1} = a_{i1}b_{11} + a_{i2}b_{21} + \cdots + a_{in}b_{n1} = \sum_{k=1}^{n} a_{ik}b_{k1}$$

[3] $m \times n$ 行列と $n \times l$（エル）行列の積

右側の行列の列成分の数が増えた場合は，下記のように計算する．

$$\begin{pmatrix} a & b \\ c & d \end{pmatrix} \times \begin{pmatrix} p & r \\ q & s \end{pmatrix} = \begin{pmatrix} ap+bq & ar+bs \\ cp+dq & cr+ds \end{pmatrix} \tag{3.5}$$

拡張して $\boldsymbol{A} = (a_{ij})$ を $m \times n$ 行列，$\boldsymbol{B} = (b_{ij})$ を $n \times l$ 行列とすると，その積 $\boldsymbol{C} = (c_{ij})$ は $m \times l$ 行列になる．

$$\begin{pmatrix} a_{11} & a_{12} & \cdots & a_{1n} \\ \vdots & \vdots & \vdots & \vdots \\ a_{i1} & a_{i2} & \cdots & a_{in} \\ \vdots & \vdots & \vdots & \vdots \\ a_{m1} & a_{m2} & \cdots & a_{mn} \end{pmatrix} \begin{pmatrix} b_{11} & \cdots & b_{1j} & \cdots & b_{1l} \\ b_{21} & \cdots & b_{2j} & \cdots & b_{2l} \\ \vdots & \vdots & \vdots & \vdots & \vdots \\ b_{n1} & \cdots & b_{nj} & \cdots & b_{nl} \end{pmatrix}$$

$$= \begin{pmatrix} c_{11} & \cdots & c_{1j} & \cdots & c_{1l} \\ \vdots & \vdots & \vdots & \vdots & \vdots \\ c_{i1} & \cdots & c_{ij} & \cdots & c_{il} \\ \vdots & \vdots & \vdots & \vdots & \vdots \\ c_{m1} & \cdots & c_{mj} & \cdots & c_{ml} \end{pmatrix}$$

ここで，$\boldsymbol{C}$ の第 i 行 j 列の成分は次式で表される．

$$c_{ij} = a_{i1}b_{1j} + a_{i2}b_{2j} + \cdots + a_{in}b_{nj} = \sum_{k=1}^{n} a_{ik}b_{kj}$$

練習問題 3-2　次の行列計算をしなさい．

$$\begin{pmatrix} 4 & 0 \\ 3 & 2 \\ 2 & 5 \end{pmatrix} \begin{pmatrix} 2 & -3 \\ -1 & 2 \end{pmatrix}$$

解答

$$\begin{pmatrix} 4 & 0 \\ 3 & 2 \\ 2 & 5 \end{pmatrix}\begin{pmatrix} 2 & -3 \\ -1 & 2 \end{pmatrix} = \begin{pmatrix} 8+0 & -12+0 \\ 6-2 & -9+4 \\ 4-5 & -6+10 \end{pmatrix} = \begin{pmatrix} 8 & -12 \\ 4 & -5 \\ -1 & 4 \end{pmatrix}$$

3.2.3 行列の積のプログラム

[1] $1 \times n$ 行列と $n \times 1$ 行列の積

行列の積 $c_{11} = \sum_{k=1}^{n} a_{1k}b_{k1}$ を与えるプログラムは次のようになる.

```
For k = 1 To n
    c(1, 1) = c(1, 1) + a(1, k) * b(k, 1)
Next k
```

いま，例として $n = 2$ の正方行列の積としてプログラムを実行すると下記になる.

$k = 1$ のとき：c(1, 1) = a(1, 1) * b(1, 1)　　←--ループに入る前は c(1, 1)=0

$k = 2$ のとき：c(1, 1) = a(1, 1) * b(1, 1) + a(1, 2) * b(2, 1)

[2] $m \times n$ 行列と $n \times 1$ 行列の積

行列の積 $c_{i1} = \sum_{k=1}^{n} a_{ik}b_{k1}$ を与えるプログラムは次のようになる.

```
For i = 1 To m
    For k = 1 To n
        c(i, 1) = c(i, 1) + a(i, k) * b(k, 1)
    Next k
Next i
```

[3] $m \times n$ 行列と $n \times l$（エル）行列の積

$m \times l$ 行列の $\boldsymbol{C} = (c_{ij})$ を与えるプログラムの流れ図を**図 3.4** に示す.

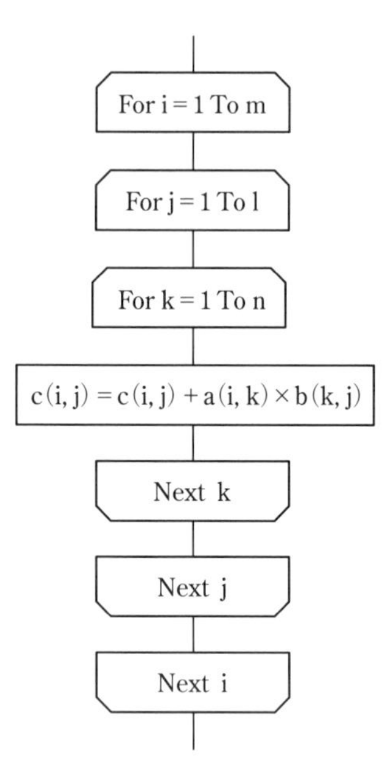

図 3.4　行列計算の流れ図

例題 3-1

行列 $\boldsymbol{A}\begin{pmatrix} a_{11} & a_{12} & a_{13} \\ a_{21} & a_{22} & a_{23} \end{pmatrix}$ と $\boldsymbol{B}\begin{pmatrix} b_{11} & b_{12} \\ b_{21} & b_{22} \\ b_{31} & b_{32} \end{pmatrix}$ の積を計算して，行列 $\boldsymbol{C}$ を表示するプログラム「行列計算」を作成し，実行しなさい．

	A	B	C	D	E	F
1	A				B	
2	1	2	3		1	3
3	2	3	4		2	5
4					3	4
5	C					
6			解の表示場所			
7						

解答

◆プログラム

```
Sub 行列計算 ()

'変数宣言
    Dim i As Integer, j As Integer, k As Integer
    Const m As Integer = 2
    Const n As Integer = 3
    Const l As Integer = 2
    Dim a(m, n) As Single, b(n, l) As Single, c(m, l) As Single

'係数入力
    For i = 1 To m
        For j = 1 To n
            a(i, j) = Cells(i + 1, j).Value
        Next j
    Next i
    For i = 1 To n
        For j = 1 To l
            b(i, j) = Cells(i + 1, j + 4).Value
        Next j
    Next i

'行列計算
    For i = 1 To m
        For j = 1 To l
            For k = 1 To n
                c(i, j) = c(i, j) + a(i, k) * b(k, j)
            Next k
        Next j
    Next i

'解の表示
    For i = 1 To m
        For j - 1 To l
            Cells(5 + i, j).Value = c(i, j)
        Next j
    Next i

End Sub
```

◆実行結果

	A	B	C	D	E	F
1	A				B	
2	1	2	3		1	3
3	2	3	4		2	5
4					3	4
5	C					
6	14	25				
7	20	37				

3.2.4 逆行列の計算

2次の正方行列 $\boldsymbol{A}$ に対して $\boldsymbol{A}$ の逆行列 $\boldsymbol{A}^{-1}$ を求める.

$$\boldsymbol{A} = \begin{pmatrix} a & b \\ c & d \end{pmatrix} \qquad \boldsymbol{A}^{-1} = \begin{pmatrix} p & q \\ r & s \end{pmatrix} \qquad \boldsymbol{E} = \begin{pmatrix} 1 & 0 \\ 0 & 1 \end{pmatrix}$$

$\boldsymbol{A} \times \boldsymbol{A}^{-1} = \boldsymbol{E}$ であるので,

$$\begin{pmatrix} a & b \\ c & d \end{pmatrix}\begin{pmatrix} p & q \\ r & s \end{pmatrix} = \begin{pmatrix} ap+br & aq+bs \\ cp+dr & cq+ds \end{pmatrix} = \begin{pmatrix} 1 & 0 \\ 0 & 1 \end{pmatrix}$$

したがって, 次の連立方程式ができる.

$$\begin{cases} ap+br=1 \\ cp+dr=0 \end{cases} \text{かつ} \begin{cases} aq+bs=0 \\ cq+ds=1 \end{cases}$$

これを p, q, r, s について解くと,

$$p = \frac{d}{ad-bc}, \quad q = \frac{-b}{ad-bc}, \quad r = \frac{-c}{ad-bc}, \quad s = \frac{a}{ad-bc}$$

したがって, $\boldsymbol{A}^{-1} = \dfrac{1}{ad-bc}\begin{pmatrix} d & -b \\ -c & a \end{pmatrix}$ 　ただし, $ad-bc \neq 0$

練習問題 3-3　次の行列の逆行列を求めなさい．

(1) $\begin{pmatrix} 3 & 2 \\ 1 & 4 \end{pmatrix}$　　(2) $\begin{pmatrix} 5 & 2 \\ 10 & 4 \end{pmatrix}$

解答　(1) $\dfrac{1}{ad-bc}\begin{pmatrix} d & -b \\ -c & a \end{pmatrix} = \dfrac{1}{3\times 4 - 2\times 1}\begin{pmatrix} 4 & -2 \\ -1 & 3 \end{pmatrix}$

$$= \frac{1}{10}\begin{pmatrix} 4 & -2 \\ -1 & 3 \end{pmatrix} = \begin{pmatrix} 0.4 & -0.2 \\ -0.1 & 0.3 \end{pmatrix}$$

(2) $ad - bc = 5\times 4 - 2\times 10 = 0$ であるので，逆行列は存在しない．

3.3 連立 1 次方程式——掃き出し法

連立 1 次方程式の解法は，消去法（直接法とも呼ぶ）と反復法に大別される．消去法には，いくつかの方法があるが，ここでは代表的な掃き出し法（ガウス・ジョルダンの消去法とも呼ぶ）について説明する．

3.3.1 掃き出し法の手順

次の連立 1 次方程式を，行列の積を用いて書き換えると，下記の形になる．

$$\begin{cases} 2x + y - z = 6 \\ x - 2y + 4z = 8 \\ 3x - y + 2z = 9 \end{cases} \rightarrow \begin{pmatrix} 2 & 1 & -1 \\ 1 & -2 & 4 \\ 3 & -1 & 2 \end{pmatrix}\begin{pmatrix} x \\ y \\ z \end{pmatrix} = \begin{pmatrix} 6 \\ 8 \\ 9 \end{pmatrix}$$

ここで，行列の左辺にある数の行列 $\begin{pmatrix} 2 & 1 & -1 \\ 1 & -2 & 4 \\ 3 & -1 & 2 \end{pmatrix}$ を係数行列，変数を成分とする行列 $\begin{pmatrix} x \\ y \\ z \end{pmatrix}$ を変数行列，右辺の行列 $\begin{pmatrix} 6 \\ 8 \\ 9 \end{pmatrix}$ を定数行列という．手順は後述す

るが，係数行列 $\begin{pmatrix} 2 & 1 & -1 \\ 1 & -2 & 4 \\ 3 & -1 & 2 \end{pmatrix}$ の各行を四則演算により単位行列 $\begin{pmatrix} 1 & 0 & 0 \\ 0 & 1 & 0 \\ 0 & 0 & 1 \end{pmatrix}$ に変換すると，

$$\begin{pmatrix} 1 & 0 & 0 \\ 0 & 1 & 0 \\ 0 & 0 & 1 \end{pmatrix}\begin{pmatrix} x \\ y \\ z \end{pmatrix} = \begin{pmatrix} a \\ b \\ c \end{pmatrix} \quad \rightarrow \quad \begin{cases} x = a \\ y = b \\ z = c \end{cases}$$

となり，x，y，z の値を求めることができる．このように，①連立 1 次方程式を行列の積で表し，②係数行列を単位行列に変換して方程式の解を求める方法を掃き出し法という．

行列表現で，左辺の係数行列の最終列に右辺の定数行列を追加した行列を拡大行列という．コンピュータで連立 1 次方程式を解くときには，拡大行列を用いて行う．例として，前掲の連立 1 次方程式を，拡大行列を用いて書き換えると，$\begin{pmatrix} 2 & 1 & -1 & 6 \\ 1 & -2 & 4 & 8 \\ 3 & -1 & 2 & 9 \end{pmatrix}$ となり，左側の 3×3 行列を単位行列に変形するように掃き出す．

(1) $\begin{pmatrix} 2 & 1 & -1 & 6 \\ 1 & -2 & 4 & 8 \\ 3 & -1 & 2 & 9 \end{pmatrix} \begin{matrix} ① \\ ② \\ ③ \end{matrix}$ $\begin{matrix} ① \times (1/2) \rightarrow ①' \\ ② \times (-1) + ①' \rightarrow ②' \\ ③ \times (-1) + ①' \times 3 \rightarrow ③' \end{matrix}$ $\begin{pmatrix} 1 & \frac{1}{2} & -\frac{1}{2} & 3 \\ 0 & \frac{5}{2} & -\frac{9}{2} & -5 \\ 0 & \frac{5}{2} & -\frac{7}{2} & 0 \end{pmatrix} \begin{matrix} ①' \\ ②' \\ ③' \end{matrix}$

(2) $\begin{pmatrix} 1 & \frac{1}{2} & -\frac{1}{2} & 3 \\ 0 & \frac{5}{2} & -\frac{9}{2} & -5 \\ 0 & \frac{5}{2} & -\frac{7}{2} & 0 \end{pmatrix} \begin{matrix} ①' \\ ②' \\ ③' \end{matrix}$ $②'/(5/2) \rightarrow ②''$ $\begin{pmatrix} 1 & \frac{1}{2} & -\frac{1}{2} & 3 \\ 0 & 1 & -\frac{9}{5} & -2 \\ 0 & \frac{5}{2} & -\frac{7}{2} & 0 \end{pmatrix} \begin{matrix} ①' \\ ②'' \\ ③' \end{matrix}$

$$(3)\quad \begin{pmatrix} 1 & \frac{1}{2} & -\frac{1}{2} & 3 \\ 0 & 1 & -\frac{9}{5} & -2 \\ 0 & \frac{5}{2} & -\frac{7}{2} & 0 \end{pmatrix} \begin{matrix} ①' \\ ②'' \\ ③' \end{matrix} \quad \begin{matrix} ①' + ②'' \times (-1/2) \to ①'' \\ \\ ③' + ②'' \times (-5/2) \to ③'' \end{matrix} \quad \begin{pmatrix} 1 & 0 & \frac{2}{5} & 4 \\ 0 & 1 & -\frac{9}{5} & -2 \\ 0 & 0 & 1 & 5 \end{pmatrix} \begin{matrix} ①'' \\ ②'' \\ ③'' \end{matrix}$$

$$(4)\quad \begin{pmatrix} 1 & 0 & \frac{2}{5} & 4 \\ 0 & 1 & -\frac{9}{5} & -2 \\ 0 & 0 & 1 & 5 \end{pmatrix} \begin{matrix} ①'' \\ ②'' \\ ③'' \end{matrix} \quad \begin{matrix} ①'' + ③'' \times (-2/5) \to ①''' \\ ②'' + ③'' \times (9/5) \to ②''' \\ \\ \end{matrix} \quad \begin{pmatrix} 1 & 0 & 0 & 2 \\ 0 & 1 & 0 & 7 \\ 0 & 0 & 1 & 5 \end{pmatrix} \begin{matrix} ①''' \\ ②''' \\ ③'' \end{matrix}$$

結果から，拡大行列の第 4 列に解 $x = 2$，$y = 7$，$z = 5$ を求めることができる.

3.3.2 掃き出し法のプログラム

前述の掃き出し法の操作の手順は，対角成分を 1 にして，それ以外の列を 0 にする．例として前述の(1)の操作を書くと，以下になる．

$$\begin{pmatrix} 2 & 1 & -1 & 6 \\ 1 & -2 & 4 & 8 \\ 3 & -1 & 2 & 9 \end{pmatrix} \begin{matrix} ① \\ ② \\ ③ \end{matrix} \text{ の第 1 列を } \begin{pmatrix} 1 \\ 0 \\ 0 \end{pmatrix} \text{ の形に変形する.}$$

```
p = a(1, 1)
For j = 1 To 4
    a(1, j) = a(1, j) / p
Next j
```

次に，第 1 列の他の値を 0 にするように各行を変形する.

```
For i = 2 To 3
    p = a(i, 1)
        For j = 1 To 4
        a(i, j) = a(i, j) - p * a(1, j)
    Next j
Next i
```

以上をまとめて，**図 3.5** に掃き出し法の繰り返し部の流れ図を示す.

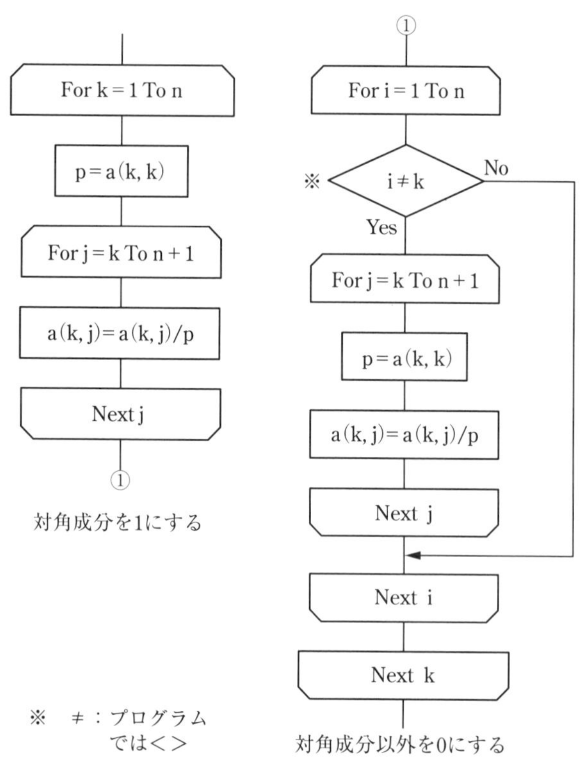

図 3.5　掃き出し法の流れ図

Column　【ガウス（1777-1855)】カール・フリードリッヒ・ガウス

ドイツの数学者，天文学者，物理学者．ブラウンシュヴァイクのレンガ職人の家に生まれ，15 歳のときには「素数定理」を予測，19 歳のときにはコンパスと定規だけを用いて正十七角形を作図できる方法を発見するなど，その驚異的な才能が知られていた．ガウスの貢献は数学や磁気学において特に重要であり，彼の名にちなんだ法則や手法が多く存在する．例えば，複素数平面を指す「ガウス平面」や，磁束密度の単位「ガウス」，そして統計学において正規分布を表す「ガウス分布」がその代表的なものである．

例題 3-2

次の連立1次方程式の解を掃き出し法により求めるプログラム「掃き出し法」を作成し，セルに入力された係数と定数データを用いてプログラムを実行しなさい．

$$\begin{cases} x - 3y - 2z = 1 \\ 3x + 11y + 4z = -7 \\ 4x + 2y + 3z = 9 \end{cases}$$

	A	B	C	D
1	1	-3	-2	1
2	3	11	4	-7
3	4	2	3	9
4				
5	x		解の表示場所	
6	y			
7	z			

解答

連立1次方程式を拡大行列 $a(i, j)$ に変換すると次のようになる．

$$a(i, j) = \begin{pmatrix} 1 & -3 & -2 & 1 \\ 3 & 11 & 4 & -7 \\ 4 & 2 & 3 & 9 \end{pmatrix}$$

◆プログラム

```
Sub 掃き出し法()

'変数宣言
    Dim i As Integer, j As Integer, k As Integer, p As Single
    Const n As Integer = 3
    Dim a(n, n + 1) As Single

'係数入力
    For i = 1 To n
        For j = 1 To n + 1
```

```
            a(i, j) = Cells(i, j).Value
        Next j
    Next i

'繰り返し計算（掃き出し法）
    For k = 1 To n
        p = a(k, k)
        For j = k To n + 1
            a(k, j) = a(k, j) / p
        Next j
        For i = 1 To n
            If i <> k Then
                p = a(i, k)
                    For j = k To n + 1
                        a(i, j) = a(i, j) - p * a(k, j)
                    Next j
            End If
        Next i
    Next k

'解の表示
    For i = 1 To n
        Cells(4 + i, 2).Value = a(i, 4)
    Next i

End Sub
```

◆実行結果

	A	B	C	D
1	1	-3	-2	1
2	3	11	4	-7
3	4	2	3	9
4				
5	x	1		
6	y	-2		
7	z	3		

3.4 連立 1 次方程式——ガウス・ザイデル法

ガウス・ザイデル法は，未知数に適当な値を仮定し，反復計算により真の値に近づけていく方法である．

3.4.1 ガウス・ザイデル法の手順

例として，次の連立 1 次方程式を取り上げる．

$$\begin{cases} 3x + y + z = 3 \\ x + 3y + z = -3 \\ x + y + 5z = -9 \end{cases} \tag{3.6}$$

式(3.6)を次のように書き換える．

$$x = \frac{1}{3}(-y - z + 3)$$
$$y = \frac{1}{3}(-x - z - 3)$$
$$z = \frac{1}{5}(-x - y - 9)$$

ここで，x，y，z の最初の近似値を $x^{(0)} = 0$，$y^{(0)} = 0$，$z^{(0)} = 0$ とおく．各数値の右肩の ( ) 内の数字は反復回数を表す．次に，x の 1 回目の値を y と z の初期値を使って

$$x^{(1)} = \frac{1}{3}\left(-y^{(0)} - z^{(0)} + 3\right)$$

とすると

$$x^{(1)} = (-0 - 0 + 3)/3 = 1$$

となる．同様に y についても計算するが，x は $x^{(1)}$ が求められているのでその値を使う．

$$y^{(1)} = \left(-x^{(1)} - z^{(0)} - 3\right)\Big/3$$
$$= (-1 - 0 - 3)/3 = -1.3333$$

z については，$x^{(1)}$ と $y^{(1)}$ を使う．

$$z^{(1)} = \left(-x^{(1)} - y^{(1)} - 9\right)\Big/5$$
$$= (-1 + 1.3333 - 9)/5 = -1.7333$$

2 回目は次の値が得られる．

$$x^{(2)} = \left(-y^{(1)} - z^{(1)} + 3\right)\Big/3 = 2.0222$$

$$y^{(2)} = \left(-x^{(2)} - z^{(1)} - 3\right)\Big/3 = -1.0963$$

$$z^{(2)} = \left(-x^{(2)} - y^{(2)} - 9\right)\Big/5 = -1.9852$$

この操作を繰り返すと，近似値はしだいに真の値（$x = 2$，$y = -1$，$z = -2$）に近づく．

収束の判定には，あらかじめ許容誤差 ε を 10^{-4}～10^{-6} 程度の小さな値に設定しておき，x，y，z についての絶対誤差がすべて ε より小さくなったときとする．

$$\left|x^{(k+1)} - x^{(k)}\right| < \varepsilon$$

$$\left|y^{(k+1)} - y^{(k)}\right| < \varepsilon$$

$$\left|z^{(k+1)} - z^{(k)}\right| < \varepsilon$$

n 個の未知数の連立 1 次方程式を一般的な形で表すと，次式のように左辺の係数と定数は n 行 $n+1$ 列の行列の形になる．

$$a_{11}x_1 + a_{12}x_2 + \cdots + a_{1n}x_n + a_{1n+1} = 0$$

$$a_{21}x_1 + a_{22}x_2 + \cdots + a_{2n}x_n + a_{2n+1} = 0$$

$$\cdots\cdots\cdots\cdots\cdots\cdots\cdots\cdots\cdots\cdots$$

$$a_{n1}x_1 + a_{n2}x_2 + \cdots + a_{nn}x_n + a_{nn+1} = 0$$

上式において i 行目の式は次式の形に書ける.

$$a_{i1}x_1 + a_{i2}x_2 + \cdots + a_{ii}x_i + a_{ii+1}x_{i+1} + \cdots + a_{in}x_n + a_{in+1} = 0$$

上式を次式に書き換える.

$$x_i = -\frac{1}{a_{ii}}\left(a_{i1}x_1 + a_{i2}x_2 + \cdots + \square + a_{ii+1}x_{i+1} + \cdots + a_{in}x_n + a_{in+1}\right)$$

右辺の□は $a_{ii}x_i$ で，左辺に残されたため抜けているところである．前述した例題にならって $k+1$ 回目の x_i は，次の形で表される.

$$x_i^{(k+1)} = -\frac{1}{a_{ii}}\left(a_{i1}x_1^{(k+1)} + \cdots + a_{ii-1}x_{i-1}^{(k+1)} + \square + a_{ii+1}x_{i+1}^{(k)} + \cdots + a_{in}x_n^{(k)} + a_{in+1}\right) \tag{3.7}$$

式(3.7)において，x_1～x_{i-1} は $k+1$ 回目の繰り返し計算が終わって得た値を，x_{i+1}～x_n は k 回目の繰り返し計算が終わって得た値を用いることになる．式(3.7)において，右辺の ( ) 内の $a_{i1}x_1^{(k+1)} + \cdots + a_{ii-1}x_{i-1}^{(k+1)} + \square + a_{ii+1}x_{i+1}^{(k)} + \cdots + a_{in}x_n^{(k)}$ を

$$S = \sum_{j=1}^{n} a_{ij}x_j$$

ただし，$j = i$ は除く

と書くと，式(3.7)は次式の形に書ける.

$$x_i^{(k+1)} = -\frac{1}{a_{ii}}(S + a_{in+1})$$

収束の判定は，あらかじめ許容誤差 ε を 10^{-4}～10^{-6} 程度の小さな値に設定しておき，$i = 1$～n についての $\left|x_i^{(k+1)} - x_i^{(k)}\right|$ がすべて ε より小さくなったときとする.

$$\left|x_i^{(k+1)} - x_i^{(k)}\right| < \varepsilon$$

プログラムでは，繰り返しごとに x_1～x_n についての $\left|x_i^{(k+1)} - x_i^{(k)}\right|$ の最大値 errmax を求め，errmax が ε 未満になったとき，すべての x_i の解が収束したと判定して計算を終了する.

3.4.2 ガウス・ザイデル法のプログラム

最初に，セルから係数と定数を読み込んだ後，すべての x(i) の初期値を 0 に設定する．このときの流れを**図 3.6** に示す．

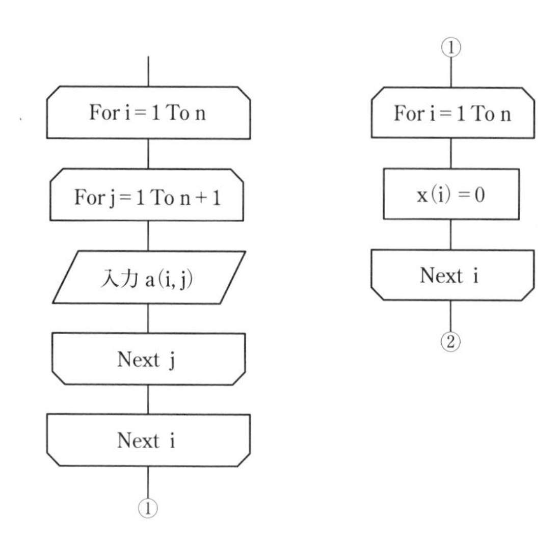

図 3.6 ガウス・ザイデル法のプログラムの流れ図-1

次に，繰り返し計算では，式(3.2)により求めた値を $k+1$ 回目の x_i として xk に代入し，k 回目で得た x(i) の絶対誤差の値を err に代入する．次いで絶対誤差の最大値 errmax を求めた後，xk の値を x(i) に代入する．この操作を繰り返し，errmax が許容誤差 eps 未満になると計算を終了し，結果を表示する．このときの流れ図を**図 3.7** に示す．

ガウス・ザイデル法の解法の流れは簡単であるが，解が収束しない場合がある．収束するための条件の 1 つが，連立方程式の左辺の対角線に並ぶ係数の絶対値が，その行の他の係数の絶対値より大きいことである．小さい場合には，対角線の係数が大きくなるように行を並べ替えるか，変数の番号を変更するなどの工夫が必要になる．

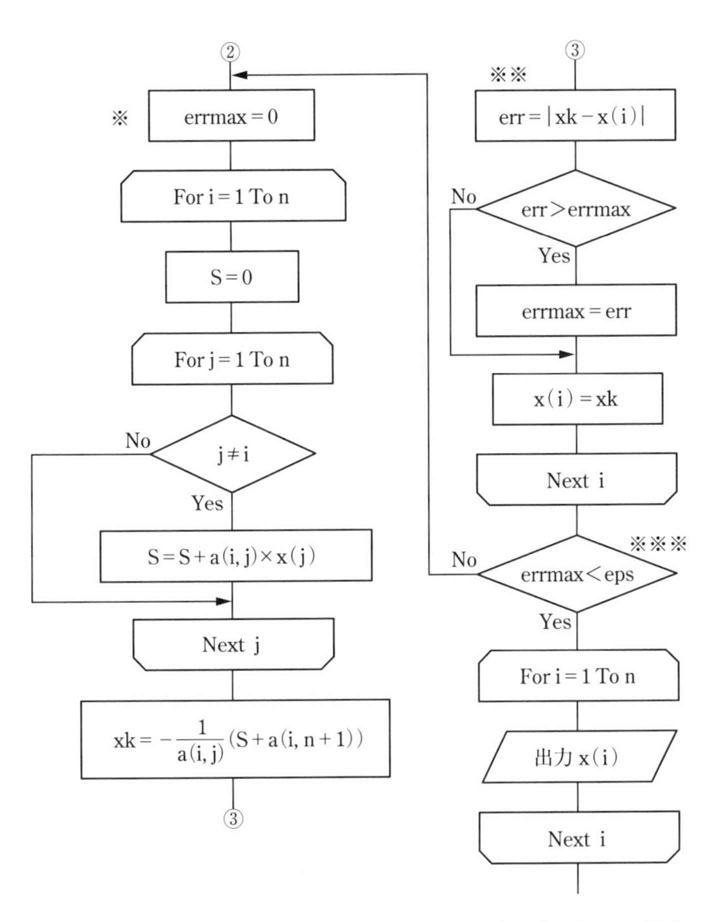

※　errmax = 0をDoの後に入れておかないと，最大誤差が繰り返し計算で小さくなっていかないので，解が収束しない

※※　今回求めたxkと前回得たx(i)の差の絶対値をerrに代入する

※※※　最大誤差errmaxが許容誤差eps未満にあるかを判定する

図 3.7　ガウス・ザイデル法のプログラムの流れ図-2

例題 3-3 次の連立方程式の解をガウス・ザイデル法により求めるプログラム「ガウスザイデル法」を作成し，セルに入力された係数データを用いてプログラムを実行しなさい．収束の判定は絶対誤差が許容誤差 eps = 10^{-4} 未満のときとする．

$$\begin{cases} 4x_1 + x_2 + x_3 = 12 \\ 2x_1 + 5x_2 - x_3 = 18 \\ x_1 + 3x_2 + 6x_3 = 17 \end{cases}$$

	A	B	C	D
1	4	1	1	-12
2	2	5	-1	-18
3	1	3	6	-17
4				
5	x(1)			
6	x(2)		解の表示場所	
7	x(3)			

方程式の右辺の定数行列は左辺に移項するので符号が変わる

解答

◆プログラム

```
Sub ガウスザイデル法 ()          ←--タイトルに「・」が使えないため,
                                   「ガウスザイデル法」としている
'変数宣言
    Const n As Integer = 3
    Const eps As Single = 0.00001
    Dim i As Integer, j As Integer
    Dim a(n, n + 1) As Single, x(n) As Single
    Dim xk As Single, S As Single
    Dim errmax As Single, err As Single

'係数の入力
    For i = 1 To n
        For j = 1 To n + 1
            a(i, j) = Cells(i, j).Value
        Next j
```

```
    Next i

'x(i) の初期値設定
    For i = 1 To n
        x(i) = 0
    Next i

'繰り返し計算
    Do
        errmax = 0
        For i = 1 To n
            S = 0
            For j = 1 To n
                If j <> i Then S = S + a(i, j) * x(j)
            Next j
            xk = -1 / a(i, i) * (S + a(i, n + 1))

    '収束の判定
            err = Abs(xk - x(i))
            If err > errmax Then
                errmax = err
            End If
            x(i) = xk
        Next i
    Loop Until errmax < eps

'解の表示
    For i = 1 To n
        Cells(4 + i, 2).Value = x(i)
    Next i

End Sub
```

Column 【ザイデル（1821-1896)】ルードヴィヒ・ザイデル

ドイツの数学者，光学者，天文学者．光学に関する研究を行い，特にレンズの形状による結像の乱れの原因を発見したことで知られる．彼の発見で知られる収差が「ザイデル収差」である．

◆実行結果

	A	B	C	D
1	4	1	1	-12
2	2	5	-1	-18
3	1	3	6	-17
4				
5	x(1)	2.00		
6	x(2)	3.00		
7	x(3)	1.00		

章末問題

問題 3-1　次の連立1次方程式の解を掃き出し法により求めなさい．なお，解が求まらない場合，方程式の順番を入れ替えて計算しなさい．

$$\begin{cases} 2x + 4y + z = 8 \\ 3x + 6y + 2z = 11 \\ 4x - 2y + 3z = -16 \end{cases}$$

	A	B	C	D
1	2	4	1	-8
2	3	6	2	-11
3	4	-2	3	16
4				
5	x			
6	y		解の表示場所	
7	z			

問題 3-2　次の連立方程式の解をガウス・ザイデル法を用いて求めなさい．収束の判定は絶対誤差が許容誤差 eps = 10^{-4} 未満のときとする．

$$\begin{cases} 3x_1 + x_2 + x_3 = 3 \\ x_1 + 3x_2 + x_3 = -3 \\ x_1 + x_2 + 5x_3 = -9 \end{cases}$$

	A	B	C	D
1	3	1	1	-3
2	1	3	1	3
3	1	1	5	9
4				
5	x(1)			
6	x(2)		解の表示場所	
7	x(3)			

第4章 関数補間と最小二乗法

実験などにより求めた数組のデータ (x_i, y_i) を利用して，未測定の x に対する近似値 y を求める2つの方法について解説する．

1つ目の方法は，測定したデータ (x_i, y_i) のすべてを通る多項式の近似関数を求めて，測定データの間の値を補間により求める補間法である．補間法は最近のデジタル信号やデジタル画像の処理などの計算に用いられる．

もう1つの方法は，測定したデータ (x_i, y_i) からの偏差を最小にして測定データ全体に対して平均的に当てはまる相関式を求める最小二乗法である．最小二乗法は回帰分析や多変量解析などの統計的な手法に用いられる．

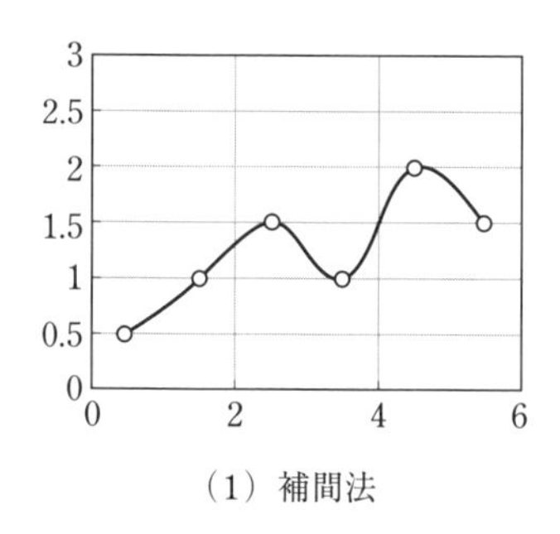

（1）補間法

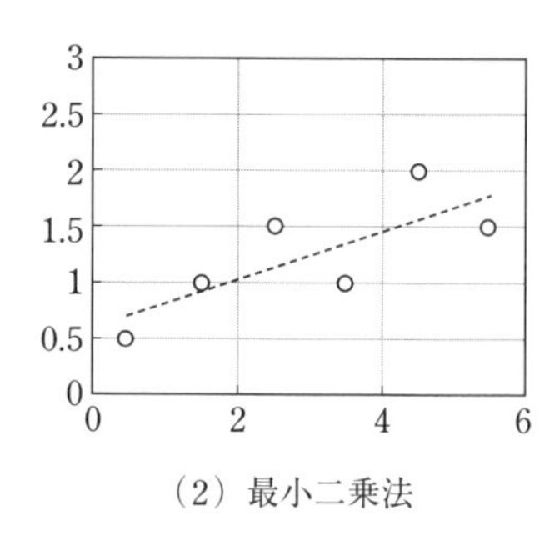

（2）最小二乗法

図4.1　補間法と最小二乗法

4.1 テイラー展開

4.1.1 テイラー展開の原理

ある関数 $f(x)$ の $x = a$ における値がわかっているとき，その近傍の値を多項式で近似する方法を多項式近似という．その近似法の 1 つがテイラー展開で，複雑な関数を扱う工学問題では最も多く用いられる．ここでは，テイラー展開の原理について説明した後，応用例として三角関数のテイラー展開について説明する．

図 4.2 は，$x=a$ から少しだけ離れた x における $f(x)$ を直線近似で求める方法を示したものである．$x=a$ における $f(x)$ の接線を $f'(a)$ とすると，次式

$$f(x) \approx f(a) + f'(a)(x-a) \tag{4.1}$$

が近似的に成り立つ．ただし，x-a が大きくなると誤差は無視できなくなる．そこで，接線の変化率を考慮して，$f'(a)$ の代わりに $f'(a)$ と点 $(x, f(x))$ の接線

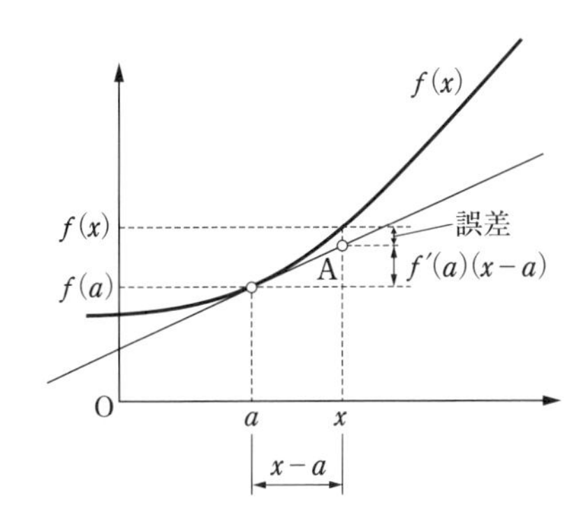

図 4.2　関数の直線近似

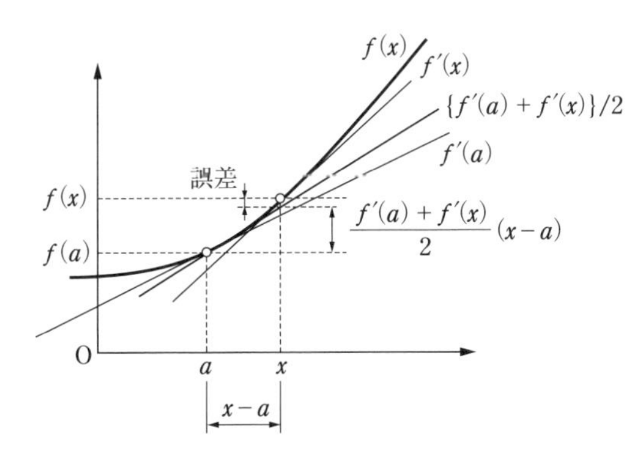

図 4.3　関数のテイラー近似

$f'(x)$ の平均を用いると誤差をより小さくすることができる（**図 4.3**）.

$$f(x) \approx f(a) + \frac{f'(a) + f'(x)}{2}(x-a) \tag{4.2}$$

ここで，式(4.1)の $f(x)$ を $f'(x)$，$f(a)$ を $f'(a)$ と読み替えると，次式

$$f'(x) = f'(a) + f''(a)(x-a) \tag{4.3}$$

が成り立つので，式(4.3)を式(4.2)に代入すると，次式の形になる.

$$\begin{aligned} f(x) &\approx f(a) + \frac{f'(a) + \{f'(a) + f''(a)(x-a)\}}{2}(x-a) \\ &= f(a) + \frac{f'(a)}{1!}(x-a) + \frac{f''(a)}{2!}(x-a)^2 \end{aligned}$$

さらに x が a から離れたときに近似の精度を高めるために，$f''(x)$ の変化率，さらにそのまた変化率を考慮して高次の項を順次加えていくと，関数 $f(x)$ は次の形で表される（$f^{(n)}$：n 階導関数）.

$$\begin{aligned} f(x) = f(a) &+ \frac{f'(a)}{1!}(x-a) \\ &+ \frac{f''(a)}{2!}(x-a)^2 + \cdots + \frac{f^{(n)}(a)}{n!}(x-a)^n + \cdots \end{aligned}$$

関数をこのような形に展開することをテイラー展開（$x = a$ におけるテイラー展開）と呼び，展開された形をテイラー級数と呼ぶ．また $a = 0$ の場合をマクローリン級数と呼ぶ.

$$f(x) = f(0) + \frac{f'(0)}{1!}x + \frac{f''(0)}{2!}x^2 + \cdots + \frac{f^{(n)}(0)}{n!}x^n + \cdots \tag{4.4}$$

実際に計算する際には，式(4.4)の右辺の項数 n を決める必要があり，それらは元の関数の近似式になる.

0 次近似（定数）：$f(x) \approx f(0)$

1 次近似（直線）：$f(x) \approx f(0) + f'(0)x$

2 次近似（2 次関数）：$f(x) \approx f(0) + f'(0)x + \dfrac{f''(0)}{2}x^2$

$$n \text{ 次近似}：f(x) \approx f(0) + \frac{f'(0)}{1!}x + \frac{f''(0)}{2!}x^2 + \cdots + \frac{f^{(n)}(0)}{n!}x^n$$

例として関数に $\sin x$ を取り上げると，$\sin x$ とその導関数の $x = 0$ における値は次のようになる．

$$\begin{aligned}
&f(x) = \sin x && f(0) = 0 \\
&f'(x) = \cos x && f'(0) = 1 \\
&f''(x) = -\sin x && f''(0) = 0 \\
&f'''(x) = -\cos x && f'''(0) = -1 \\
&\cdots\cdots\cdots\cdots\cdots\cdots
\end{aligned}$$

これらを用いると，$\sin x$ は次の形になる．

$$\sin x = x - \frac{1}{3!}x^3 + \frac{1}{5!}x^5 - \frac{1}{7!}x^7 + \frac{1}{9!}x^9 - \frac{1}{11!}x^{11} + \cdots \tag{4.5}$$

練習問題 4-1

$|x|$ が十分に小さいとき次の関数の 2 次近似式を求めなさい．

(1)　$(1 + x)^n$　　(2)　e^x

解答

マクローリン級数の 2 次近似式を用いる．

$$f(x) \approx f(0) + f'(0)x + \frac{f''(0)}{2}x^2$$

(1)の答：$(1 + x)^n \approx 1 + nx + \dfrac{n(n-1)}{2}x^2$

$f(x) = (1 + x)^n$，$f(0) = 1$

$f'(x) = n(1 + x)^{n-1}$，$f'(0) = n$

$f''(x) = n(n-1)(1 + x)^{n-2}$，$f''(0) = n(n-1)$

(2)の答：$e^x \approx 1 + x + \dfrac{x^2}{2}$

$f(x) = e^x$，$f(0) = 1$

$f'(x) = e^x$，$f'(0) = 1$

$f''(x) = e^x$，　$f''(0) = 1$

練習問題 4-2　$\sqrt[3]{1.11}$ の近似値を，$\sqrt[3]{1+x}$ のマクローリン級数の2次近似式を用いて小数点第4位まで求めなさい．

解答　マクローリン級数の2次近似式は次式で与えられる．

$$\sqrt[3]{1+x} \approx 1 + \frac{1}{3}x - \frac{1}{9}x^2$$

したがって，$\sqrt[3]{1.11} = \sqrt[3]{1+0.11} \approx 1 + \frac{1}{3} \times 0.11 - \frac{1}{9} \times 0.11^2 = 1.0353$

なお，$\sqrt[3]{1.11}$ の真の値は 1.0354 である．

4.1.2 テイラー展開のプログラム

ここでは，前項で導いた $\sin x$ のテイラー展開のプログラムについて説明する．

式(4.5)を次の無限級数

$$\sin x = u_0 + u_1 + u_2 + u_3 + \cdots + u_{n-1} + u_n + \cdots$$

で表して右辺の各項を式(4.5)と比較すると，u_1 は u_0 と次の関係で表される．

$$u_1 = u_0 \times (-1)\,\frac{x^2}{3 \cdot 2}$$

同様に，u_2 は u_1 と次の関係で表される．

$$u_2 = u_1 \times (-1)\,\frac{x^2}{5 \cdot 4}$$

一般的な形として u_n と u_{n-1} は次の関係で表される．

$$u_n = u_{n-1} \cdot (-1)\,\frac{x^2}{(2n+1)(2n)} \tag{4.6}$$

なお，第 n 項は u_{n-1} であるので，項数 n を指定した場合の級数の部分和 S は，$S = u_0 + u_1 + u_2 + \cdots + u_{n-1}$ になる．

Column　【テイラー（1685-1731)】ブルック・テイラー

イギリスの数学者．テイラー展開や微分積分学におけるテイラーの定理などで知られる．

例題 4-1

$\sin x$ の近似値を，x の値と項数 n を入力してテイラー級数近似により求めるプログラム「テイラー級数」を作成し，実行しなさい．

	A	B
1	f(x)	sin x
2	xの値	0.5
3	項数 n	5
4	近似値	

解答

◆プログラム

```
Sub テイラー級数 ()

'変数宣言
   Dim u As Single, S As Single, x As Single
   Dim n As Integer, i As Integer
'初期値の入力
   x = Range("B2").Value
   n = Range("B3").Value
   u = x    ←--第 1 項 u0
   S = u
'計算と表示
   For i = 1 To n - 1     ←--i = 1 のとき第 2 項 u1
      u = u * (-1) * x ^ 2 / ((2 * i + 1) * (2 * i))
      S = S + u
   Next i
   Range("B4").Value = S

End Sub
```

Column 【マクローリン（1698-1746)】コリン・マクローリン

イギリスの数学者．ニュートンの弟子であることを自認して，ニュートンの考えを広く紹介した．

◆実行結果

	A	B
1	f(x)	sin x
2	xの値	0.5
3	項数 n	5
4	近似値	0.479426

テイラー級数の項数を大きくすると，x が大きくなっても近似の精度は高くなる．このことを示したのが，**図 4.4** である．実線で示す $\sin x$ に対して，テイラー級数は，$n = 3$ では $x = 2$ あたりまで，$n = 5$ では $x = 3.5$ あたりまで，$n = 7$ では $x = 5$ あたりまでそれぞれよく一致していることがわかる．

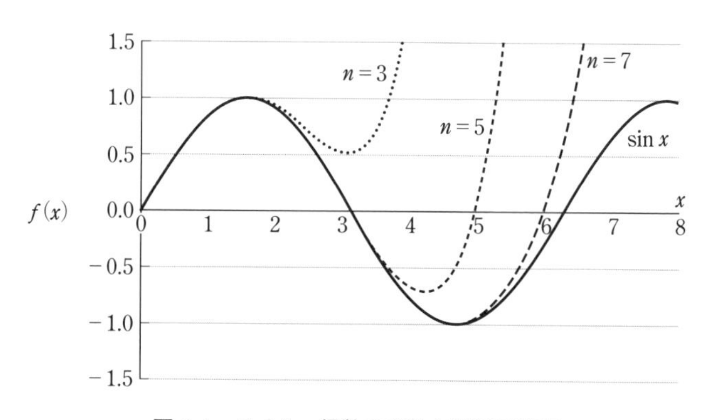

図 4.4　テイラー級数の項数と近似の精度

まとめると，テイラー級数は，関数 $f(0)$ と導関数 $f^{(n)}(0)$ がわかれば求めることができる．

4.2 ニュートンの補間法

4.2.1　線形補間——ニュートンの 1 次補間

図 4.5 に示すように，実験によって 2 組のデータ (x_0, y_0)，(x_1, y_1) が得られた場合に，2 点間の任意の x における y の値を求める最も簡単な方法は，2 点を直線で結ぶ線形補間法である．図 4.5 中の直線の式の傾きを m として次式で表す．

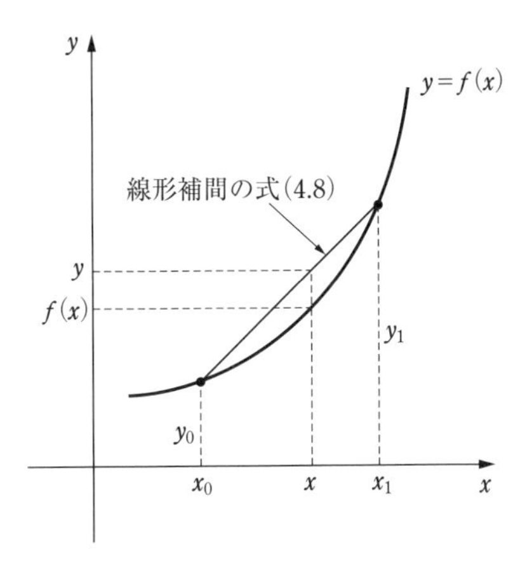

図 4.5　線形補間

$$y = y_0 + m(x - x_0) \tag{4.7}$$

ここで，$m = \dfrac{y_1 - y_0}{x_1 - x_0}$ であるので，式(4.7)は次式の形で表される．

$$y = y_0 + \frac{y_1 - y_0}{x_1 - x_0}(x - x_0) \tag{4.8}$$

式(4.8)が線形補間の式である．

式(4.8)において，x_1 が限りなく x_0 に近づくと，傾き m は，点 (x_0, y_0) における微分係数と考えることができる．いま未知の関数を $y = f(x)$ とすると，

$$y_0 = f(x_0)$$

$$\frac{y_1 - y_0}{x_1 - x_0} = f'(x_0)$$

であるので，式(4.8)は次式となり

$$y = f(x_0) + f'(x_0)(x - x_0) \tag{4.9}$$

テイラー展開の式(4.1)と同じ形になる．

ニュートンの補間法は，データの変化割合に着目した補間法であるが，その中

で最も簡単な2点のデータ間を1次式で表す補間が線形補間である．線形補間法は簡単ではあるが，選ぶ区間 $[x_0, x_1]$ を狭くすると，補間値の精度は高くなるので，実用的な補間法ということができる．

4.2.2 線形補間法のプログラム

例題 4-2

表に示す2組のデータ (x, y) を用いて線形補間法による補間値を得るプログラム「線形補間」を作成し，x =2 に対する y の近似値を表示しなさい．

	A	B	C	D	E
1	x	y		x	y
2	1	0		2	
3	3	0.4771			

解答

◆プログラム

```
Sub 線形補間()

'変数宣言
    Const n As Integer = 1
    Dim i As Integer
    Dim xx As Single, yy As Single
    Dim x(n) As Single, y(n) As Single

'データ入力
    xx = Range("D2").Value
    For i = 0 To n
        x(i) = Cells(i + 2, 1).Value
        y(i) = Cells(i + 2, 2).Value
    Next i

'補間計算
    yy = y(0) + (y(1) - y(0)) / (x(1) - x(0)) * (xx - (0))

'解の表示
    Range("E2").Value = yy
```

←変数 x を配列変数 x(n) と同じプロシージャ内で使うことができないので，x を xx と書く．yy も同じ

```
End Sub
```

◆実行結果

	A	B	C	D	E
1	x	y		x	y
2	1	0		2	0.2386
3	3	0.4771			

ここでの x と y の関係は $y = \log_{10} x$ である．したがって真の値は $\log_{10} 2 = 0.3010$ である．

4.2.3 ニュートンの 2 次補間

次に，**図 4.6** に示すように，3 組のデータ (x_0, y_0)，(x_1, y_1)，(x_2, y_2) が与えられたとき，この 3 点を通る方程式 y を 2 次関数とすると，次の形に書ける．

$$y = y_0 + m_1(x - x_0) + m_2(x - x_0)(x - x_1) \tag{4.10}$$

式(4.10)は (x_1, y_1) を満たすことから，

$$y_1 = y_0 + m_1(x_1 - x_0)$$

(x_2, y_2) を満たすことから，

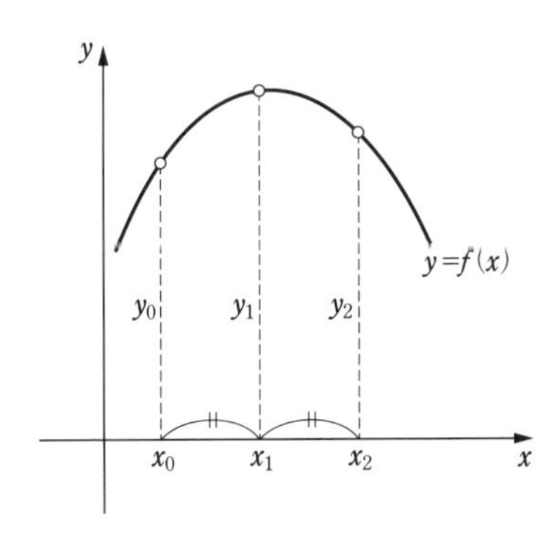

図 4.6　ニュートンの 2 次補間

$$y_2 = y_0 + m_1(x_2 - x_0) + m_2(x_2 - x_0)(x_2 - x_1)$$

となる．これらの連立方程式を解くと，m_1，m_2 は次式で求められる．

$$m_1 = \frac{y_1 - y_0}{x_1 - x_0} \tag{4.11}$$

$$m_2 = \frac{(x_1 - x_0)(y_2 - y_0) - (x_2 - x_0)(y_1 - y_0)}{(x_1 - x_0)(x_2 - x_0)(x_2 - x_1)} \tag{4.12}$$

式(4.10)は 3 点を通る 2 次関数であるが，m_1 は 1 次の式(4.7)の係数 m と同じである．つまり，式(4.10)は 3 点目の (x_2, y_2) を通過するように，2 次の係数 m_2 を決めているわけである．このため，ニュートンの補間式では，補間するデータが追加された場合，追加された点に関わる係数のみを計算するだけで全体の補間式を求めることができる．いま，x 座標の値が等間隔 h で並んでいるとすると，

$$x_1 - x_0 = x_2 - x_1 = h$$

$$x_2 - x_0 = 2h$$

また，y_1 と y_0 の差（1 次差分）を $\varDelta y$ とすると，

$$y_1 - y_0 = \varDelta y_0$$

$$y_2 - y_1 = \varDelta y_1$$

$$y_2 - y_0 = \varDelta y_1 + \varDelta y_0$$

さらに，$\varDelta y_1$ と $\varDelta y_0$ の差（2 次差分）を $\varDelta^2 y_0$ とし，

$$\varDelta y_1 - \varDelta y_0 = \varDelta^2 y_0$$

これらの式を用いると，m_1 と m_2 は次式の形で表される．

$$m_1 = \frac{y_1 - y_0}{x_1 - x_0} = \frac{\varDelta y_0}{h} \tag{4.13}$$

$$\begin{aligned} m_2 &= \frac{(x_1 - x_0)(y_2 - y_0) - (x_2 - x_0)(y_1 - y_0)}{(x_1 - x_0)(x_2 - x_0)(x_2 - x_1)} \\ &= \frac{h(\varDelta y_1 + \varDelta y_0) - 2h\varDelta y_0}{2h^3} = \frac{\varDelta^2 y_0}{2h^2} = \frac{1}{2}\frac{\varDelta^2 y_0}{h^2} \end{aligned} \tag{4.14}$$

式(4.10)は，式(4.11)，式(4.14)を用いると次式の形になる．

$$y = y_0 + \frac{\Delta y_0}{h}(x - x_0) + \frac{\Delta^2 y_0}{2h^2}(x - x_0)(x - x_0 - h) \tag{4.15}$$

このように，x 座標の値が等間隔 h である場合，最初に与えられた点 (x_0, y_0) と差分値 Δy_0，$\Delta^2 y_0$ を用いて補間値を求めることができる．この方法をニュートンの 2 次補間法という．なお，$x_0 < x_1 < x_2$ で x_0，x_1，x_2 が十分に近く，関数が放物線に近い場合に，精度良い補間値が求められる．

4.2.4　ニュートンの 2 次補間法のプログラム

例題 4-3

表に示す 3 組のデータ (x, y) を基に，ニュートンの 2 次補間法により Δy，Δy^2 を求め，補間値を得るプログラム「ニュートン 2 次補間」を作成し，x =2 における y の近似値を表示しなさい．

	A	B	C	D	E	F	G
1	x	y	Δy	Δ²y		x	y
2	1	0				2	
3							
4	3	0.4771					
5							
6	5	0.6990					

解の表示場所

解答

◆プログラム

```
Sub ニュートン 2 次補間 ()

'変数宣言
    Const n As Integer = 2
    Dim i As Integer, h As Single
    Dim xx As Single, yy As Single
    Dim x(n) As Single, y(n) As Single
    Dim Δy(n) As Single, Δ2y(n) As Single

'データ入力
```

```
    For i = 0 To n
        x(i) = Cells(2 * i + 2, 1).Value
        y(i) = Cells(2 * i + 2, 2).Value
    xx = Range("F2").Value
Next i

'補間計算
    h = x(1) - x(0)
    Δy(0) = y(1) - y(0)
    Δy(1) = y(2) - y(1)
    Δ2y(0) = Δy(1) - Δy(0)
    yy = y(0) + Δy(0) * (xx - x(0)) / h + _
        Δ2y(0) * (xx - x(0)) * (xx - x(0) - h) / (2 * h ^ 2)

'解の表示
    Range("C3").Value = Δy(0)
    Range("C5").Value = Δy(1)
    Range("D4").Value = Δ2y(0)
    Range("G2").Value = yy
End Sub
```

1行が長い場合，アンダースコア「_」を書いて改行した後，残りを次行に書く

◆実行結果

	A	B	C	D	E	F	G
1	x	y	Δy	Δ^2y		x	y
2	1	0				2	0.2704
3			0.4771				
4	3	0.4771		-0.2552			
5			0.2219				
6	5	0.6990					

ここでの x と y の関係は，**例題 4-1** と同様 $y = \log_{10} x$ である．2次補間による近似値の方が，線形補間による近似値 0.2386 に比べて真の値 $\log_{10} 2 = 0.3010$ に近いことがわかる．

練習問題 4-3　データが (30, 0.5), (40, 0.6428), (50, 0.7660) と与えられている．x =35 における補間点を線形補間法と2次補間法を用いて求めなさい．

解答　ここでの x と y の関係は $y = \sin x$ である．したがって真の値は $y = \sin 30〔°〕= 0.5736$ である．データ (30, 0.5)，(40, 0.6428) を用いてプログラム「線形補間」により求めた近似値は 0.5714，3 組のデータ (30, 0.5)，(40, 0.6428)，(50, 0.7660) を基に「ニュートン 2 次補間」を用いて求めた近似値は 0.5738 である．

4.2.5　ニュートンの *n* 次補間

式(4.13)において，h が限りなく 0 に近づくと，m_1 は，(x_0, y_0) における接線の傾きとなる．すなわち，$y = f(x)$ とすれば，$m_1 = f'(x_0)$ となる．同様に，式(4.14)において h が限りなく 0 に近づくと，$m_2 = \dfrac{1}{2} f''(x_0)$ となり，式(4.4)に示したテイラー展開式の第 3 項の係数 $\dfrac{1}{2!} f''(x_0)$ と一致する．すなわち，ニュートンの補間法は，$(n+1)$ 個の点を通過する補間式を求めるとき，テイラー展開と同様に，n 次近似式の係数に $m_n = \dfrac{1}{n!} f^{(n)}(x_0)$ を用いている．さらに，式(4.15)において，$\dfrac{1}{h}(x - x_0) = u$ とすれば，$x - x_0 = uh$ であるから，

$$x - x_1 = (x - x_0) - (x_1 - x_0) = uh - h = h(u - 1)$$

と表すことができるので，式(4.15)は

$$y = y_0 + u\Delta y_0 + \frac{u(u-1)}{2}\Delta^2 y_0 \tag{4.16}$$

と書き換えることができる．つまり，補間式 y が，最初に与えられた点 (x_0, y_0) と y_0 との 1 次差分 Δy_0 と 2 次差分 $\Delta^2 y_0$ により求められることを示している．

以上をまとめると，$(n+1)$ 個のデータ $(x_0, y_0), (x_1, y_1), (x_2, y_2), \cdots, (x_n, y_n)$ を通過する補間式は，点 (x_0, y_0) と，y_0 との n 次差分 $\Delta^n y_0$ を用いて表すことができる．次の式を n 次のニュートンの補間式という．

$$y = y_0 + u\Delta y_0 + \frac{u(u-1)}{2!}\Delta^2 y_0 + \frac{u(u-1)(u-2)}{3!}\Delta^3 y_0 + \cdots + \frac{u(u-1)\cdots(u-(n-1))}{n!}\Delta^n y_0 \tag{4.17}$$

4.3 ラグランジュの補間法

4.3.1 ラグランジュの 1 次補間

ニュートンの補間法では，x 座標の値が等間隔であったが，不等間隔の場合にも適用できるのが，ここで説明するラグランジュの補間法である．

2 組のデータ (x_0, y_0)，(x_1, y_1) が与えられている場合，この 2 点の間のデータを補間により近似的に求める．この 2 点を通る直線を，

$$y = a_0(x - x_1) + a_1(x - x_0) \tag{4.18}$$

とおいて，$x = x_0$ のとき $y = y_0$，$x = x_1$ のとき $y = y_1$ を代入すると，

$$a_0 = \frac{y_0}{x_0 - x_1}$$

$$a_1 = \frac{y_1}{x_1 - x_0}$$

を得るので，それらを用いると式(4.18)は次式の形になる．

$$y = \frac{y_0}{x_0 - x_1}(x - x_1) + \frac{y_1}{x_1 - x_0}(x - x_0) \tag{4.19}$$

式(4.19)を用いれば，2 組のデータを満たす関数を 1 次式で近似することができる．式(4.19)を 1 次のラグランジュ補間多項式という．

4.3.2 ラグランジュの 2 次補間

次に，3 組のデータ (x_0, y_0)，(x_1, y_1)，(x_2, y_2) が与えられたとき（**図 4.7**），この 3 点を通る 2 次方程式を以下のように仮定する．

$$y = a_0(x - x_1)(x - x_2) + a_1(x - x_0)(x - x_2) + a_2(x - x_0)(x - x_1) \tag{4.20}$$

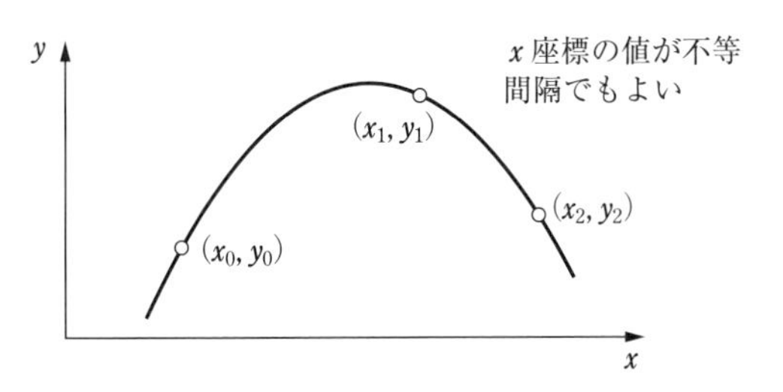

図 4.7　ラグランジュの 2 次補間

式(4.20)に，$x = x_0$ のとき $y = y_0$，$x = x_1$ のとき $y = y_1$，$x = x_2$ のとき $y = y_2$ を代入すると，

$$a_0 = \frac{y_0}{(x_0 - x_1)(x_0 - x_2)}$$

$$a_1 = \frac{y_1}{(x_1 - x_0)(x_1 - x_2)}$$

$$a_2 = \frac{y_2}{(x_2 - x_0)(x_2 - x_1)}$$

が得られるので，それらを用いると式(4.20)は次式の形になる．

$$y = y_0 \frac{(x - x_1)(x - x_2)}{(x_0 - x_1)(x_0 - x_2)} + y_1 \frac{(x - x_0)(x - x_2)}{(x_1 - x_0)(x_1 - x_2)} + y_2 \frac{(x - x_0)(x - x_1)}{(x_2 - x_0)(x_2 - x_1)} \tag{4.21}$$

式(4.21)を 2 次のラグランジュ補間多項式という．

式(4.21)に (x_0, y_0)，(x_1, y_1)，(x_2, y_2) と補間点 x を代入して y を求めることもできるが，次項で述べる n 次のラグランジュ補間式を使う際にも利用する方法を紹介する．式(4.21)右辺の項を，$(x - x_i)$（i =0, 1, 2）

$$g = (x - x_0)(x - x_1)(x - x_2)$$

と右辺の各項の分母 d_i（i =0, 1, 2）

$$d_0 = (x_0 - x_1)(x_0 - x_2)$$

$$d_1 = (x_1 - x_0)(x_1 - x_2)$$

$$d_2 = (x_2 - x_0)(x_2 - x_1)$$

に分けて用いると，式(4.21)は次式で表すことができる

$$y = g\left\{\frac{y_0}{d_0(x - x_0)} + \frac{y_1}{d_1(x - x_1)} + \frac{y_2}{d_2(x - x_2)}\right\} \tag{4.22}$$

4.3.3 ラグランジュの 2 次補間法のプログラム

例題 4-4　表に示す 3 組のデータ (x, y) を基に，ラグランジュの 2 次補間法を用いて，補間値を得るプログラム「ラグランジュ 2 次補間」を作成し，$x = 3$ に対する y の近似値を表示しなさい．

	A	B	C	D	E
1	x	y		x	y
2	1	0		3	
3	2	0.3010			
4	5	0.6990			

解答

◆プログラム

```
Sub ラグランジュ 2 次補間 ()

'変数宣言
    Dim i As Integer, j As Integer
    Dim xx As Single, yy As Single, g As Single
    Const n As Integer = 2
    Dim x(n) As Single, y(n) As Single, d(n) As Single, _
        yd(n) As Single

'データ入力
    xx = Range("D2").Value
    For i = 0 To n
        x(i) = Cells(i + 2, 1).Value
        y(i) = Cells(i + 2, 2).Value
    Next i

'補間計算
    g = (xx - x(0)) * (xx - x(1)) * (xx - x(2))
```

```
    d(0) = (x(0) - x(1)) * (x(0) - x(2))
    d(1) = (x(1) - x(0)) * (x(1) - x(2))
    d(2) = (x(2) - x(0)) * (x(2) - x(1))
    For i = 0 To n
        yd(i) = y(i) / (d(i) * (xx - x(i)))      ←--yd(i)：式(4.22)
    Next i                                        右辺 { } 内の各項
        yy = g * (yd(0) + yd(1) + yd(2))

'解の表示
    Range("E2").Value = yy

End Sub
```

◆**実行結果**

	A	B	C	D	E
1	x	y		x	y
2	1	0		3	0.5179
3	2	0.3010			
4	5	0.6990			

ここでの x と y の関係は $y = \log_{10} x$ である．したがって真の値は $y = \log_{10} 3 = 0.4771$ である．

4.3.4 ラグランジュの *n* 次補間

一般に，$(n+1)$ 組のデータ $(x_0, y_0), (x_1, y_1), (x_2, y_2), \cdots, (x_n, y_n)$ が与えられた場合，$(n+1)$ 個のデータを通る n 次の多項式は次のように表すことができる．

$$
\begin{aligned}
y = a_0(x - x_1)(x - x_2)\cdots(x - x_n) + a_1(x - x_0)(x - x_2)\cdots(x - x_n) + \\
+ a_n(x - x_0)(x - x_1)\cdots(x - x_{n-1}) \qquad (4.23)
\end{aligned}
$$

Column 【ラグランジュ（1736-1813)】ジョゼフ=ルイ・ラグランジュ

サルデーニャ王国で生まれ，プロイセンやフランスで活動した数学者，物理学者，天文学者．彼の業績は微分積分学を物理学に適用したことで，特に力学の発展に貢献した．後に，力学をさらに一般化して解析力学を創出した．

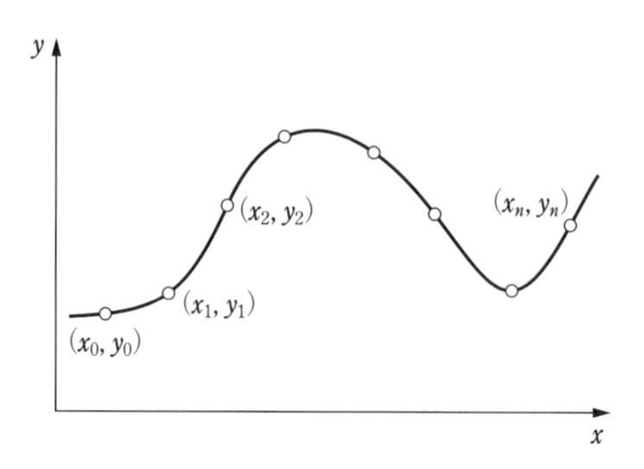

図 4.8　ラグランジュの n 次補間

この場合も，与えられたデータを用いて $a_0, a_1, \cdots, a_n$ を求めることができる．

$$
\begin{aligned}
y = y_0 & \frac{(x - x_1)(x - x_2)\cdots(x - x_n)}{(x_0 - x_1)(x_0 - x_2)\cdots(x_0 - x_n)} \\
& + y_1 \frac{(x - x_0)(x - x_2)\cdots(x - x_n)}{(x_1 - x_0)(x_1 - x_2)\cdots(x_1 - x_n)} + \cdots \\
& + y_n \frac{(x - x_0)(x - x_1)\cdots(x - x_{n-1})}{(x_n - x_0)(x_n - x_n)\cdots(x_n - x_{n-1})}
\end{aligned}
\tag{4.24}
$$

式(4.24)を n 次のラグランジュ補間多項式という．ここで，前述した 2 次の補間式のときと同様に，式(4.24)は次式の形で表すことができる．

$$
y = g\left\{\frac{y_0}{d_0(x - x_0)} + \frac{y_1}{d_1(x - x_1)} + \cdots + \frac{y_n}{d_n(x - x_n)}\right\} \tag{4.25}
$$

式中の g は次式で与えられる．

$$
g = (x - x_0)(x - x_1)(x - x_2)\cdots(x - x_n)
$$

4.3.5　ラグランジュの *n* 次補間法のプログラム

式(4.25)をプログラムで表すと，次のようになる（x は xx としている）．

```
g = 1
For i = 0 To n
    g = g * (xx - x(i))
Next i
```

また，$d_0, d_1, \cdots, d_n$ は次式で与えられる．

$$d_0 = (x_0 - x_1)(x_0 - x_2)\cdots(x_0 - x_n)$$
$$d_1 = (x_1 - x_0)(x_1 - x_2)\cdots(x_1 - x_n)$$
$$\vdots$$
$$d_n = (x_n - x_0)(x_n - x_1)\cdots(x_n - x_{n-1})$$

プログラムで記述する場合，2つのカウント変数iとjを使って，$(x_0 - x_0)$のような0になる項を除く書き方をする．

```
If i <> j Then d(i) = d(i) * (x(i) - x(j))
```

例題 4-5

表に示すデータが与えられている．ラグランジュのn次補間法を用いて補間値を得るプログラム「ラグランジュn次補間」を作成し，x =3におけるyの値を表示しなさい．

	A	B	C	D	E
1	x	y		x	y
2	1	1		3	
3	2	1.3195			
4	5	1.9037			
5	6	2.0477			
6	7	2.1779			
7	8	2.2974			

解答

◆プログラム

```
Sub ラグランジュn次補間()

'変数宣言
    Dim i As Integer, j As Integer, k As Integer, n As Integer
    Dim xx As Single, yy As Single, g As Single, yd As Single
    Dim x() As Single, y() As Single, d() As Single ←-Dim x()：
                                                      仮の配列
'データ数カウント                                       変数の宣
                                                      言
```

```
    Do
        If IsEmpty(Cells(2 + n, 1).Value) Then Exit Do
        n = n + 1
    Loop
    n = n - 1         ←--データ数=n+1 なので，1 を引いている
    ReDim x(n) As Single, y(n) As Single, d(n) As Single
           ↖----------------------------Redim：再度配列変数を宣言し直す
'データ入力
    xx = Range("D2").Value
    For i = 0 To n
        x(i) = Cells(i + 2, 1).Value
        y(i) = Cells(i + 2, 2).Value
    Next i

'補間計算
    g = 1
    For i = 0 To n
        g = g * (xx - x(i))
        d(i) = 1
        For j = 0 To n
            If i <> j Then d(i) = d(i) * (x(i) - x(j))
        Next j
        yd = yd + y(i) / d(i) / (xx - x(i))
    Next i
    yy = g * yd

'解の表示
    Range("E2").Value = yy

End Sub
```

◆**実行結果**

D	E
x	y
3	1.5545

ここでの x と y の関係は $y = x^{2/5}$ である．したがって真の値は 1.5518 である．

【注】ラグランジュの補間では，同じ区間においてデータ数が増えると，かえって補間の精度が低下する場合がある．多項式関数の次数が大きくなって，不自

然な凹凸の多い曲線が現れるためである（ルンゲ現象）．このような場合，すべてのデータを取り上げるのではなく，補間すべき周辺の数点だけを用いて，低次元の式で補間を行う方が妥当な結果が得られる．

また，「すべての点を通る」という補間の原則を放棄して，次節で述べる「すべての点に近い」低次元の多項式で近似する最小二乗法を用いるのも改良法である．

4.4 最小二乗法

前節で述べた補間法は，すべてのデータの点 $(x_0, y_0), (x_1, y_1), \cdots, (x_n, y_n)$ を通過する多項式であった．一方，データに誤差が含まれていることを考慮すると，データの点を必ずしも通過することが必要とされないことも考えられる．そうした統計的な考え方を導入して，関数を推定する代表的な手法が最小二乗法である．具体的には，最小二乗法はすべてのデータからの誤差（ずれ）を合計した値が最小になるような近似曲線を求める方法である．

図 4.9 に示すように，近似曲線（図では近似直線）上の点と各測定点との誤差は，正の場合もあれば負の場合も存在するので，単純に足し合わせても誤差の合計にはならない．このため，各誤差の絶対値を合計したり，誤差を 2 乗して合計したりする方法が考えられるが，絶対値の合計を最小にする最小絶対法は取り扱いにくいので，誤差の 2 乗の合計を最小にして近似曲線を求める最小二乗法が一般的である．

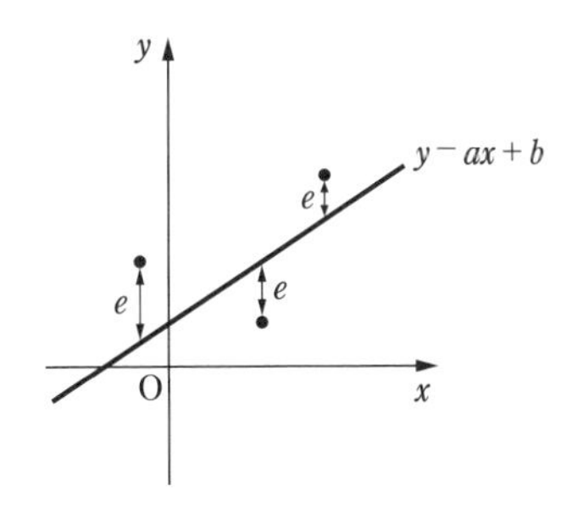

図 4.9　測定データと近似直線

4.4.1 最小二乗法の原理

ここでは，最小二乗法を用いて，1 次の近似式を求める方法について説明する．**図 4.9** に示すように，各データと近似直線には誤差 e が存在する．

$$e_i = y_i - (ax_i + b)$$

誤差 e の 2 乗を取り上げ，その総和 S（= 分散）を最小とする係数を決定する．次に式を展開していく．

$$S = \sum_{i=1}^{n} e_i^2 = \sum_{i=1}^{n} (y_i - ax_i - b)^2 \tag{4.26}$$

S は 2 つの変数 a と b の関数として与えられる．ここで，式を見やすくするために，x_i を x，y_i を y，$\sum_{i=1}^{n}$ を $\sum$ と書くと，式(4.26)は次式の形になる．

$$\sum (y-ax-b)^2 = a^2 \sum x^2 + nb^2 + \sum y^2 - 2a \sum xy - 2b \sum y + 2ab \sum x$$

上式を a で偏微分してその導関数を 0 とおくと，

$$\frac{\partial S}{\partial a} = 2a \sum x^2 - 2 \sum xy + 2b \sum x = 0$$

$$\therefore \quad a \sum x^2 - \sum xy + b \sum x = 0 \tag{4.27}$$

同様に b で偏微分すると，

$$\frac{\partial S}{\partial b} = 2nb - 2 \sum y + 2a \sum x = 0$$

$$\therefore \quad nb - \sum y + a \sum x = 0 \tag{4.28}$$

式(4.27)と式(4.28)は a と b に関する 2 元 1 次連立方程式である．これを解くと，a と b は次式で表される．

$$a = \frac{n \sum xy - \sum x \sum y}{n \sum x^2 - \left(\sum x\right)^2} \tag{4.29}$$

$$b = \frac{\sum x^2 \sum y - \sum x \sum xy}{n \sum x^2 - (\sum x)^2} \tag{4.30}$$

4.4.2　最小二乗法のプログラム

例題 4-6　表に示すデータに対して，最小二乗法を用いて直線近似を行い，$y = ax + b$ の係数 a と b を求めるプログラム「最小二乗法 1」を作成し，実行しなさい．また，データと回帰直線を図示しなさい．

	A	B	C	D	E
1	x	y		a	
2	1.2	1.5		b	
3	1.9	2.4			
4	3.1	3.3			
5	4.2	4.0			
6	5.2	4.8			
7	5.9	5.8			
8	7.1	6.9			

解答

◆プログラム

```
Sub 最小二乗法1()

'変数宣言
    Dim n As Integer, i As Integer
    Dim x() As Single, y() As Single
    Dim a As Single, b As Single
    Dim Σx2 As Single, Σx As Single
    Dim Σy As Single, Σxy As Single

'データ数カウント
    Do
        If IsEmpty(Cells(2 + n, 1).Value) Then Exit Do
        n = n + 1
    Loop
    ReDim x(n) As Single, y(n) As Single
```

```
'データ入力
    For i = 0 To n
        x(i) = Cells(2 + i, 1).Value
        y(i) = Cells(2 + i, 2).Value
    Next i

'最小二乗法の計算
    For i = 0 To n
        Σx2 = Σx2 + x(i) ^ 2
        Σx = Σx + x(i)
        Σy = Σy + y(i)
        Σxy = Σxy + x(i) * y(i)
    Next i
    a = (n * Σxy - Σx * Σy) / (n * Σx2 - Σx ^ 2)
    b = (Σx2 * Σy - Σx * Σxy) / (n * Σx2 - Σx ^ 2)

'結果の表示
    Range("E1").Value = a
    Range("E2").Value = b

End Sub
```

◆実行結果

D	E
a	0.8770
b	0.5169

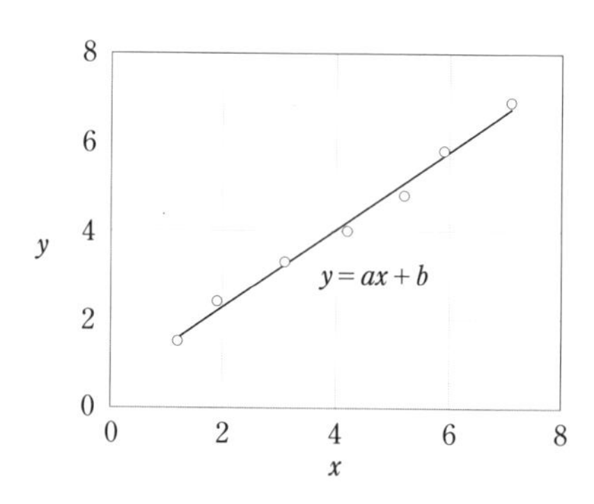

4.4.3 直線近似の式への置き換え

見かけは線形でない関数も，適当に式を変換することによって $y = ax + b$ の式に変換することができる．

例 1　$y = a\dfrac{1}{x} + b$：$\dfrac{1}{x} = X \Rightarrow y = aX + b$

例 2　$y = \dfrac{x}{a+bx}$：$\dfrac{1}{y} = \dfrac{a}{x} + b$ の形に変換して，$\dfrac{1}{y} = Y$，$\dfrac{1}{x} = X \Rightarrow Y = aX + b$

例 3　$y = bx^a$：両辺の対数をとると $\log y = \log b + a \log x$

$\log x = X$，$\log y = Y$，$\log b = B \Rightarrow Y = aX + B$

例 4　$y = be^{ax}$：両辺の対数をとると $\log y = ax + \log b$

$\log y = Y$，$\log b = B \Rightarrow Y = ax + B$

例題 4-7　表に示すデータに対して，最小二乗法を用いて指数近似を行い，$y = bx^a$ の係数 a と b を求めるプログラム「最小二乗法 2」を作成し，実行しなさい．また，データと回帰曲線を図示しなさい．

	A	B	C	D	E
1	x	y		a	
2	1	2		b	
3	2	17			
4	3	58			
5	4	135			
6	5	262			
7	6	438			
8	7	689			

解答　前述の**例題 4-6** を参考にする．

◆プログラム

```
Sub 最小二乗法 2()

'変数宣言
    Dim n As Integer, i As Integer
    Dim a As Single, b As Single, Lb As Single    ←-Lb:log b
    Dim Lx() As Single, Ly() As Single
    Dim Σx2 As Single, Σx As Single, ΣΣx As Single
    Dim Σy As Single, ΣxΣy As Single

'データ数カウント
    Do
```

```
        If IsEmpty(Cells(2 + n, 1).Value) Then Exit Do
        n = n + 1
    Loop
    ReDim Lx(n) As Single, Ly(n) As Single

'データ数入力
    For i = 1 To n
        Lx(i) = Log(Cells(1 + i, 1).Value)   ←-Lx：log x
        Ly(i) = Log(Cells(1 + i, 2).Value)     Ly：log y
    Next i                                     log() は自然対数

'最小二乗法の計算
    For i = 1 To n
        Σx2 = Σx2 + Lx(i) ^ 2
        Σx = Σx + Lx(i)
        Σy = Σy + Ly(i)
        ΣxΣy= ΣxΣy + Lx(i) * Ly(i)
    Next i
    ΣΣx = Σx ^ 2
    a = (-Σx * Σy + ΣxΣy * n) / (n * Σx2 - ΣΣx)
    Lb = (Σx2 * Σy - Σx * ΣxΣy) / (n * Σx2 - ΣΣx)
    b = Exp(Lb)

'結果の表示
    Range("E1").Value = a
    Range("E2").Value = b

End Sub
```

◆実行結果

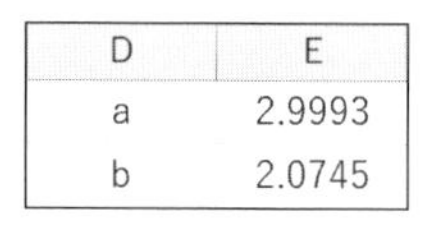

D	E
a	2.9993
b	2.0745

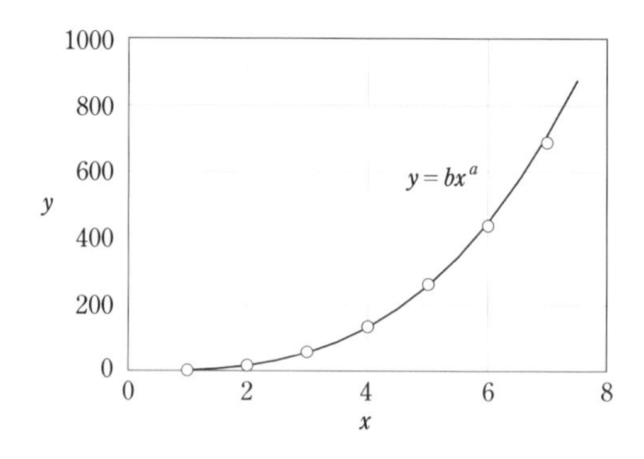

章末問題

問題 4-1　$|x|$ が十分に小さいとき，次の関数の 2 次近似式を求めなさい．

(1)　$\dfrac{1}{\sqrt{1+x}}$　　(2)　$\cos x$

問題 4-2　表に示すデータを基にラグランジュの n 次補間式を用いて，$x=3$ における y の値を求めなさい．

	A	B	C	D	E
1	x	y		x	y
2	1	1		3	
3	2	1.2599			
4	5	1.7100			
5	6	1.8171			

問題 4-3　K 熱電対を使って，水の温度 y と起電力 x の関係を測定し，表に示す結果を得た．温度 y と起電力を x の関係を最小二乗法により直線近似した場合の関係式 $y=ax+b$ を求めるプログラム「熱電対」を作成し，実行しなさい．

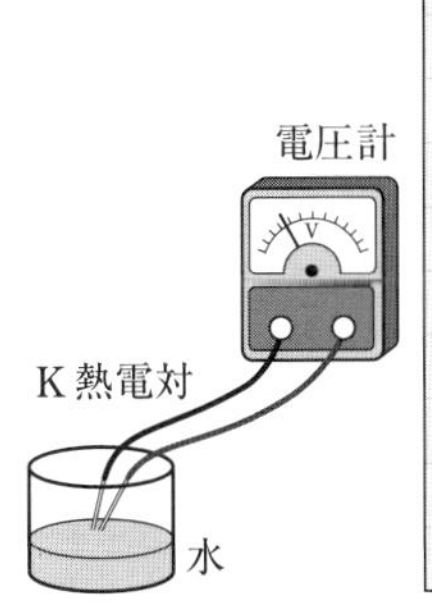

	A	B	C	D	E
1	温度x, ℃	起電力y, μV		a	
2	0	100		b	
3	10	500			
4	20	800			
5	30	1200			
6	40	1600			
7	50	2000			
8	60	2500			
9	70	3000			
10	80	3300			
11	90	3700			
12	100	4100			

問題 4-4 錫系合金の引張試験において，以下の応力 σ とひずみ ε の関係を得た．応力 σ とひずみ ε の関係を $\sigma = c\varepsilon^n$ と表すとして，最小二乗法を用いて c と n を求めるプログラム「引張試験」を作成し，実行しなさい．

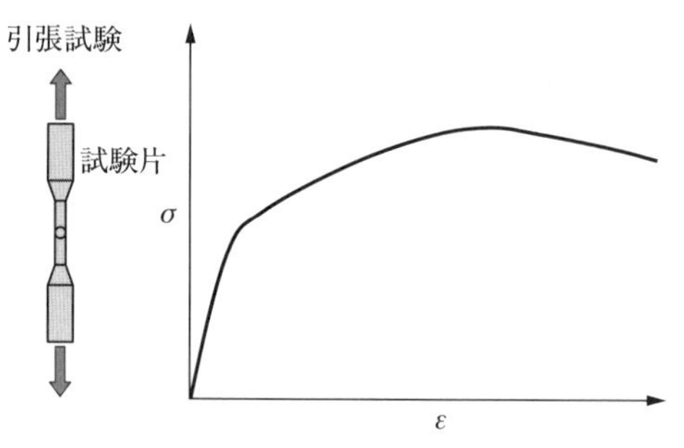

	A	B	C	D	E
1	ε	σ, MPa		C	
2	0.02	0.02		n	
3	0.05	0.08			
4	0.10	0.10			
5	0.15	0.11			
6	0.20	0.12			
7	0.25	0.13			
8	0.30	0.14			
9	0.35	0.15			
10	0.40	0.15			
11	0.45	0.16			
12	0.50	0.16			

第5章　常微分方程式

微分方程式は，物理現象を表す際にしばしば用いられる．例えば，質量 m の物体を加速度 a で動かすために必要な力が F であることを示したニュートンの運動の第 2 法則は，加速度 a を速度の時間微分 dv/dt として表すと，1 階の常微分方程式で表される．

$$F = ma = m\frac{dv}{dt}$$

さらに，微小な速度 dv を変位と時間の関係として dx/dt で置き換えれば，2 階の常微分方程式で表される．

$$F = m\frac{d}{dt}\left(\frac{dx}{dt}\right) = m\frac{d^2x}{dt^2}$$

微分方程式は解析的に解くのが難しいものも多く，そのような場合に，数値計算を利用して近似解を求める方法が有効である．

5.1　機械工学と微分方程式

機械工学分野における微分方程式を用いた例を次に示す．

[1]　材料力学

図 5.1 に示す片持ちはりの先端に集中荷重 P が作用する場合，はりのたわみ曲線は次の 1 階の常微分方程式で表すことができる．

$$\frac{dy}{dx} + \frac{P}{EI}\left(lx - \frac{x^2}{2}\right) = 0$$

E：縦弾性係数

I：断面２次モーメント

l：はりの長さ

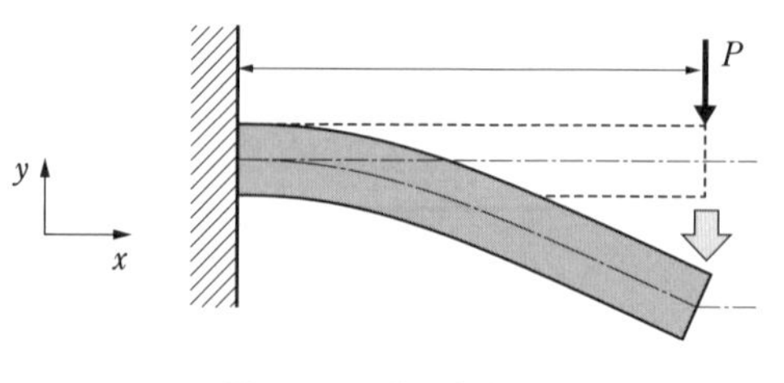

図 5.1　はりのたわみ

［2］機械力学

構造物の振動解析に用いられる基本モデルは，**図 5.2** に示す力学モデルである．質量は構造物の重心に集中して存在し，構造物内の弾性変形をばねで表現すると，運動方程式は，次の２階の常微分方程式で表すことができる．

$$m\frac{d^2x}{dt^2} + kx = 0$$

k：ばね定数

m：質量

t：時間

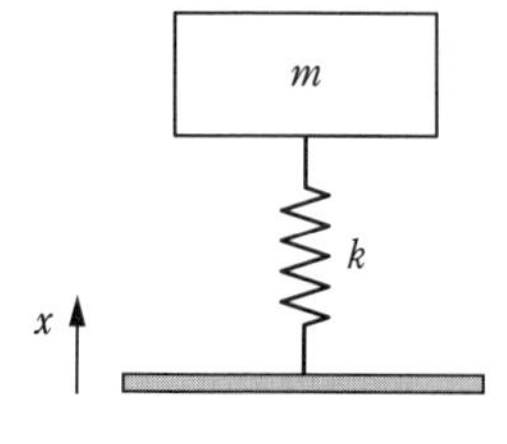

図 5.2　１自由度系の振動

［3］熱力学

カップの中のコーヒーが冷めていく様子（**図 5.3**）は，物体の温度 T と周囲温度 T_0 を用いたニュートンの冷却の法則によって表される．式(5.1)は，温度差 $(T - T_0)$ が大きいほど速く冷める（dT/dt が大きい）ことを意味しており，熱いときは急速に，その後は除々に冷えていきやがては周りの温度 T_0 にまで冷めていく．

$$\frac{dT}{dt} = -k(T - T_0) \qquad (5.1)$$

k：熱伝達率

t：時間

図 5.3　カップの中のコーヒーの冷却

5.2 微分方程式の数値解法の種類

微分方程式の数値解法は，近似解をどのようにして見つけていくかといった手順の違いで分けられる．例えば，**図 5.4** に示すような山向こうの見えない目標に砲弾を正しく着弾させるにはどうしたらよいかといったイメージである．本章ではこれまで提案されている解法のうち，最もよく利用されているオイラー法，改良オイラー法，ルンゲ・クッタ法について述べる．

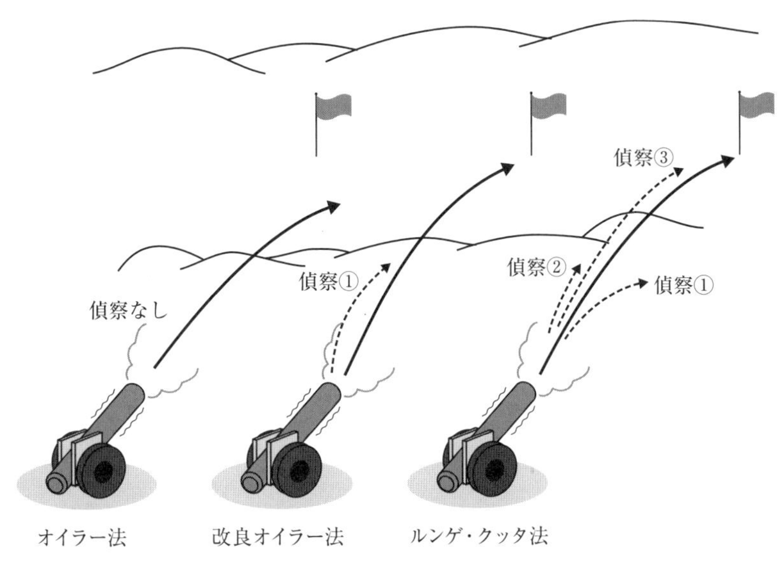

図 5.4　常微分方程式の数値解法のイメージ

5.3 オイラー法

5.3.1　オイラー法による数値解法

常微分方程式の数値解法の中で，最も単純で理解が容易なのがオイラー法である．オイラー法は，**図 5.5** に示すような曲線のある x における傾きを用いて，微小距離 h だけ離れた位置を逐次特殊解として求め，特定の x の範囲における y を直線近似で順次求めていく方法である．

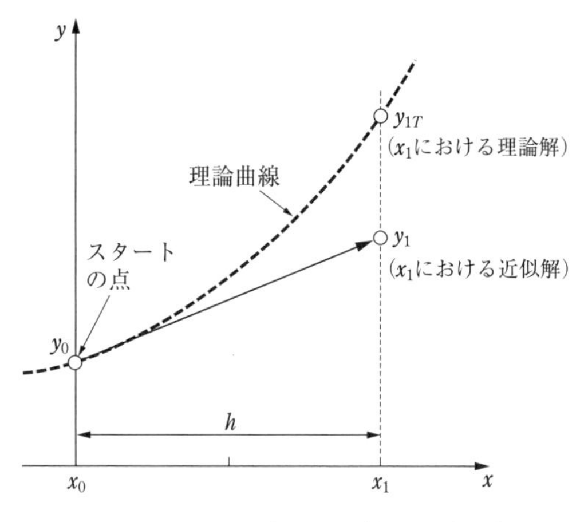

図 5.5　オイラー法による近似解の求め方

まず，スタート点 (x_0, y_0) における接線の傾きを次式で求める．

$$\left(\frac{dy}{dx}\right)_0 = f(x_0, y_0)$$

次に，スタート点の傾きを用いて，x 方向に微小距離 h だけ離れた点 x_1 における y_1 を次式のように求める．

$$y_1 = y_0 + h\left(\frac{dy}{dx}\right)_0$$

同様に x_2（$= x_1 + h$）以降も考えていくとして，x_i における傾きを $(dy/dx)_i$，刻み幅を h とすると，x_{i+1} に対する y_{i+1} は次式で表される．

$$y_{i+1} = y_i + h\left(\frac{dy}{dx}\right)_i \tag{5.2}$$

式(5.2)のような漸化式の形にして近似解を求める方法をオイラー法と呼ぶ．

5.3.2　オイラー法のプログラム

図 5.6 にオイラー法によるプログラムの流れ図を示す．なお，微分方程式は $\dfrac{dy}{dx} = -2xy$ とした．繰り返し計算部分では，x_i と y_i を表示した後，y_{i+1} を計算

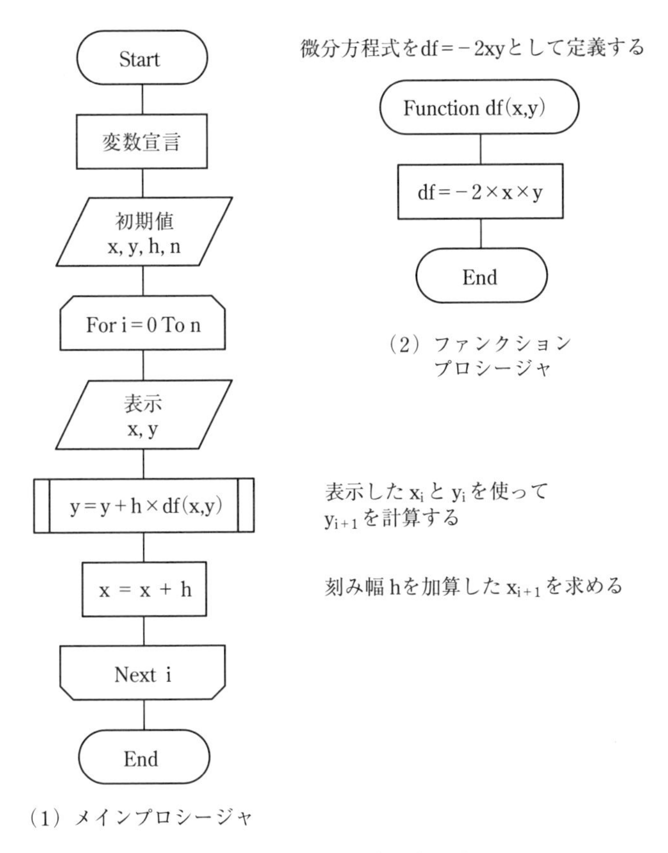

図 5.6　オイラー法の流れ図

して，x_{i+1} を定める．この操作を $i = 0 \sim n$ まで繰り返す．

1 回目：$i = 0$，$x_0 = 0$，$y_0 = 3$　　$i = 0$ のときは初期値である．

2 回目：$i = 1$，$x_1 = x_0 + h = 0.2$，$y_1 = y_0 + h\left(\dfrac{dy}{dx}\right)_0 = 3 + 0.2 \times (-2x_0y_0) = 3$

3 回目：$i = 2$，$x_2 = x_1 + h = 0.4$，$y_2 = y_1 + h\left(\dfrac{dy}{dx}\right)_1 = 3 + 0.2 \times (-2x_1y_1) = 2.76$

....

例題 5-1

下記に示す微分方程式の近似解をオイラー法により求めるプログラム「オイラー法」を作成しなさい．初期条件は $x = 0$ のとき $y = 3$ とし，$x = 0$〜2 の範囲を刻み幅 $h = 0.2$（分割数 $n = 10$）として，近似解，理論解，誤差（= 近似解 − 理論解）を小数点以下第 5 位の精度で求めて比較しなさい．

ただし，理論解と誤差は Excel の関数式で計算する．

$$\frac{dy}{dx} = -2xy$$

	A	B	C	D
1	x0	0		
2	y0	3		
3	h	0.2		
4	n	10		
5				
6	x	近似解	理論解	誤差
7				

解答

◆プログラム

```
Sub オイラー法()

'変数宣言
    Dim x As Double, y As Double, h As Double
    Dim i As Integer, n As Integer

'初期値など
    x = Range("B1").Value
    y = Range("B2").Value
    h = Range("B3").Value
    n = Range("B4").Value

'繰り返し計算と表示
    For i = 0 To n
        Cells(7 + i, 1).Value = x
        Cells(7 + i, 2).Value = y
        y = y + h * df(x, y)
        x = x + h
```

```
    Next i
End Sub
```

```
Function df(x As Double, y As Double) As Double
    df = -2 * x * y
End Function
```

◆理論解

理論解は次の手順で求める．$\dfrac{dy}{dx} = -2xy$ の変数を分離すると，

$$\frac{dy}{y} = -2xdx$$

両辺を積分すると一般解が得られる．

$$\int \frac{1}{y}dy = \int -2xdx$$

$$\ln y = -x^2 + C \quad （C：積分定数）$$

初期条件より積分定数 C が求まるので，理論解は次式で表される．

$$y = 3\exp(-x^2)$$

◆実行結果

6	x	近似解	理論解	誤差
7	0.0	3.00000	3.00000	0.00000
8	0.2	3.00000	2.88237	0.11763
9	0.4	2.76000	2.55643	0.20357
16	1.8	0.05921	0.11749	-0.05828
17	2.0	0.01658	0.05495	-0.03837

図 5.7 に近似解と理論解を比較して示す．

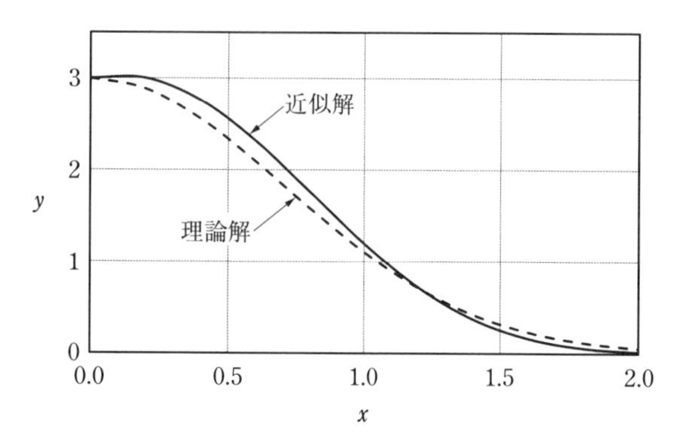

図 5.7　オイラー法による近似解と理論解の比較

練習問題 5-1

図 5.8 に示すように，地上 20 m から上方に，ボールを速度 $v_0 = 10$〔m/s〕で投げ上げた．時間 t に対するボールの位置 y の関係を求めるプログラム「落下運動」を作成しなさい．速度 v $\left(= \dfrac{dy}{dt}\right)$ は次の式で表される．

$$\frac{dy}{dt} = -gt + v_0$$

また，刻み幅を 0.5 秒として，0〜4 秒の間の近似解を小数点以下 3 桁の精度で求め，理論解と誤差を表と図に示して比較しなさい．

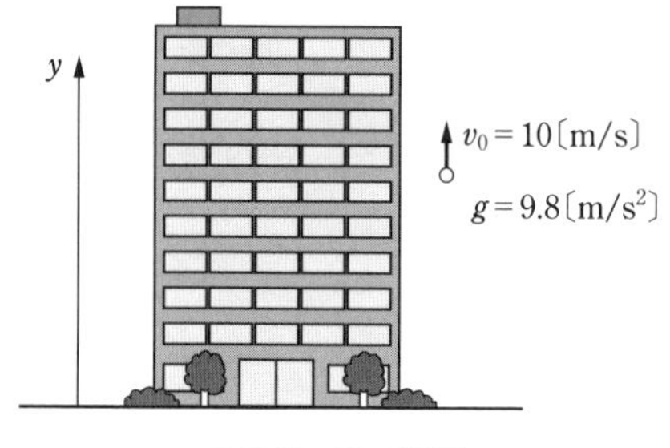

図 5.8　落下運動

	A	B	C	D
1	t0	0		
2	y0	20		
3	h	0.5		
4	n	8		
5				
6	t	近似解	理論解	誤差
7				

解答

◆プログラム

```
Sub 落下運動()

'変数宣言
   Dim t As Double, y As Double, h As Double
   Dim i As Integer, n As Integer

'初期値など
   t = Range("B1").Value
   y = Range("B2").Value
   h = Range("B3").Value
   n = Range("B4").Value

'繰り返し計算と表示
   For i = 0 To n
      Cells(7 + i, 1).Value = t
      Cells(7 + i, 2).Value = y
      y = y + h * df(t)
      t = t + h
   Next i

End Sub
```

```
Function df(t As Double) As Double

   df = - 9.8 * t + 10

End Function
```

◆理論解

ボールの加速度 dv/dt は次式で表される．

$$\frac{dv}{dt} = -g$$

変数を分離して両辺を積分すると，ボールの速度を表す一般解が得られる．

$$\frac{dy}{dt}\ (= v) = -gt + v_0$$

両辺を t で積分し，初期条件（$t = 0$ のとき $y = 20$）より積分定数を定めると，理論解が得られる．

$$y = -4.9t^2 + 10t + 20$$

◆実行結果

6	t	近似解	理論解	誤差
7	0	20.000	20.000	0.000
8	0.5	25.000	23.775	1.225
9	1.0	27.550	25.100	2.450
14	3.5	3.550	-5.025	8.575
15	4.0	-8.600	-18.400	9.800

図 5.9 に近似解と理論解を比較して示す．オイラー法はシンプルな解法であるが，偵察なしにいきなり砲撃するイメージなので，対象区間が長くなるほど目標点からのずれは大きくなる．

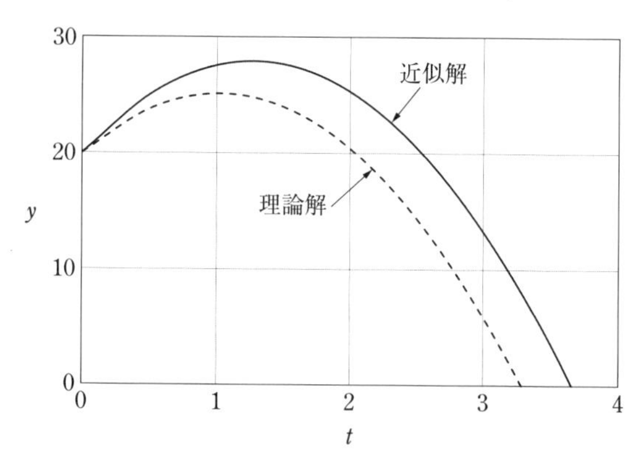

図 5.9　ボールの位置と時間

5.4 改良オイラー法

5.4.1 改良オイラー法による数値解法

次に，誤差を小さくした改良オイラー法を取り上げる．改良オイラー法では，

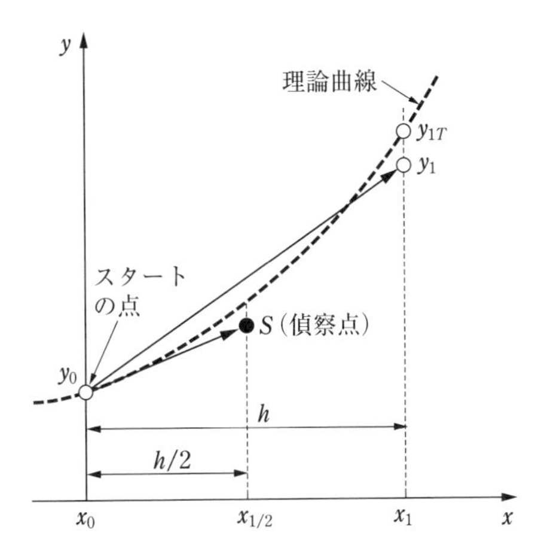

図 5.10　改良オイラー法による近似解の求め方

刻み幅 h はオイラー法と同じであるが，**図 5.10** に示すように，x_0 と x_1 の中間の $x_{1/2}$ を設定する点に違いがある．つまり，一度中間点 S の状況を偵察することで，より確実な目標点を推定するわけである．

【偵察①】 x_0 に刻み幅 h の半分を加えて中間点の $x_{1/2}$ とする．

$$x_{1/2} = x_0 + \frac{1}{2}h$$

このときの傾きは，オイラー法と同じように，スタートの地点を利用する．

$$d_1 = f(x_0, y_0) \tag{5.3}$$

これにより求まる点 $S\left(x_{1/2}, y_0 + \frac{1}{2}hd_1\right)$ を通る接線の傾き d_2 を計算する．

$$d_2 = f\left(x_{1/2}, y_0 + \frac{1}{2}hd_1\right) \tag{5.4}$$

【実射】 偵察した d_2 をスタートの点に戻して，y_1 を求める．

$$y_1 = y_0 + hd_2 \tag{5.5}$$

式(5.3)～式(5.5)により近似解を求める方法を改良オイラー法と呼ぶ．

5.4.2 改良オイラー法のプログラム

改良オイラー法のプログラムは，オイラー法のプログラムに，【偵察①】で示した計算手順を追加して作成する．

改良オイラー法の流れ図を**図 5.11** に示す．

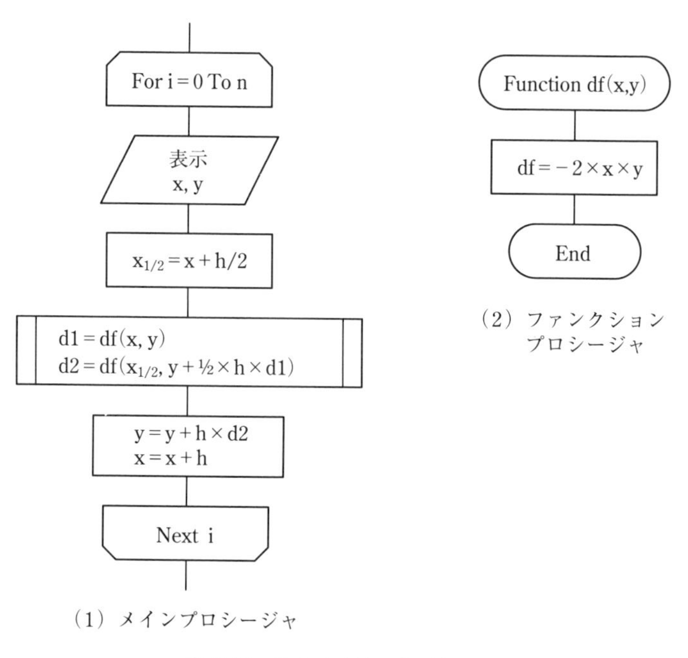

図 5.11 改良オイラー法の流れ図

例題 5-2	下記に示す微分方程式の近似解を改良オイラー法で求めるプログラム「改良オイラー法」を作成しなさい．初期条件と実行結果の Excel 表は**例題 5-1** と同じとする．また，プログラムを実行して，オイラー法による近似解並びに理論解と比較して図示しなさい． $$\frac{dy}{dx} = -2xy$$

解答

◆プログラム

```
Sub 改良オイラー法 ()

'変数宣言
    Dim x As Double, y As Double, h As Double
    Dim xh As Double, d1 As Double, d2 As Double    ←--x1/2をxh
    Dim i As Integer, n As Integer                  とする

'初期値など
    x = Range("B1").Value
    y = Range("B2").Value
    h = Range("B3").Value
    n = Range("B4").Value

'繰り返し計算と表示
    For i = 0 To n
        Cells(7 + i, 1).Value = x
        Cells(7 + i, 2).Value = y
        xh = x + h / 2
        d1 = df(x, y)
        d2 = df(xh, y + h * d1 / 2)
        y = y + h * d2
        x = x + h
    Next i

End Sub
```

```
Function df(x As Double, y As Double) As Double

    df = -2 * x * y

End Function
```

Column 【オイラー (1707-1783)】レオンハルト・オイラー

スイスの数学者，天文学者，天体物理学者．当時の数学界の中心的人物であり，19 世紀へと続く厳密化・抽象化時代の礎を築いた．オイラーは驚異的な研究量で知られ，解析，数論，幾何学，数理物理学など多岐にわたる分野で数々の定理や公式を発見した．ガウスとともに「数学界の二大巨人」と呼ばれている．

◆実行結果

6	x	近似解	理論解	誤差
7	0.0	3.00000	3.00000	0.00000
8	0.2	2.88000	2.88237	-0.00237
9	0.4	2.54822	2.55643	-0.00821
16	1.8	0.13082	0.11749	0.01333
17	2.0	0.06719	0.05495	0.01224

図 5.12 に示すように，改良オイラー法による近似解は理論解とよく一致しており，オイラー法に比べて優れていることがわかる．

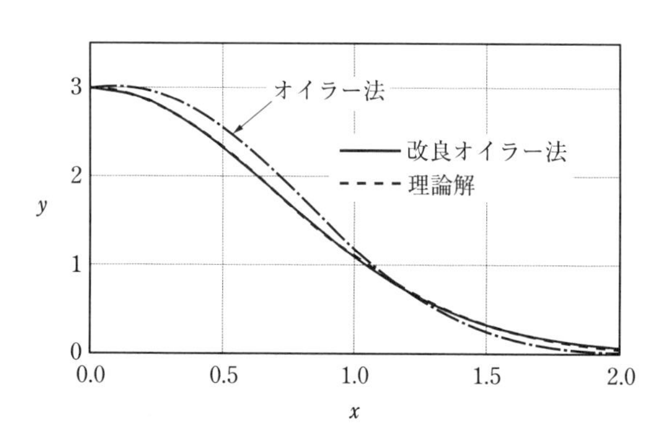

図 5.12　改良オイラー法による近似解

5.5 ルンゲ・クッタ法

5.5.1 ルンゲ・クッタ法による数値解法

ルンゲ・クッタ法は，**図 5.4** に示したように 3 回偵察してから，4 回目に実射する方法であって，改良オイラー法よりもさらに命中精度の向上が期待できる．**図 5.13** を基に，具体的な手順を説明する．

【偵察①】 x_0 点における傾き d_1 を求める．

$$d_1 = f(x_0, y_0) \tag{5.6}$$

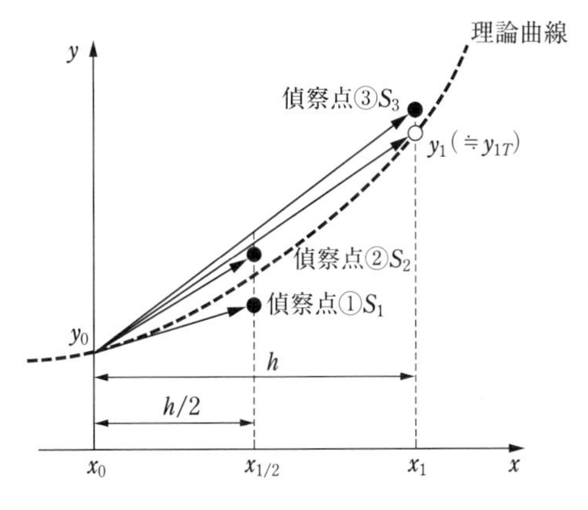

図 5.13　ルンゲ・クッタ法による近似解の求め方

次に，x 方向に刻み幅 h の半分の位置における点 S_1 の情報を計算し，S_1 での目標への傾き d_2 を偵察しておく．

$$S_1\left(x_{1/2}, y_0 + \frac{h}{2}d_1\right)$$

$$d_2 = f\left(x_{1/2}, y_0 + \frac{h}{2}d_1\right) \tag{5.7}$$

【偵察②】 ルンゲ・クッタ法では，さらに，d_2 を x_0 に持って帰り，再び刻み幅 h を半分にして偵察する．この偵察点 S_2 の情報は，次のようになる．

$$S_2\left(x_{1/2}, y_0 + \frac{h}{2}d_2\right)$$

ここで，S_2 における傾き d_3 を偵察する．

$$d_3 = f\left(x_{1/2}, y_0 + \frac{h}{2}d_2\right) \tag{5.8}$$

【偵察③】 d_3 を x_0 に持って帰り，今度は刻み幅 h いっぱいの点を偵察する．この点が S_3 である．

$$S_3(x_1, y_0 + hd_3)$$

また，S_3 における傾き d_4 を求める．

$$d_4 = f(x_0 + h, y_0 + hd_3) \tag{5.9}$$

【実射】 以上のようにして偵察した d_1 から d_4 を次のように重みを付けて平均した傾き d を定める.

$$d = \frac{1}{6}(d_1 + 2d_2 + 2d_3 + d_4) \tag{5.10}$$

最後に d を使って y_0 から, 目標地点 (x_1, y_1) を砲撃する. 偵察を 3 回行うことによって, 命中精度は格段に向上することになる.

$$y_1 = y_0 + dh \tag{5.11}$$

式(5.6)～式(5.11)により近似解を求める方法をルンゲ・クッタ法と呼ぶ.

Column　【ルンゲ（1856-1927)】カール・ダーフィト・トルメ・ルンゲ

ドイツの数学者, 物理学者, 分光学者. 加えて研究分野は, 測地学, 宇宙物理学に及んだ. 純粋数学の分野に加え, 様々な元素のスペクトル線に関する実験的研究でも多大な貢献をし, この研究の天体分光学への応用に強い関心を持った. 多項式補間する際に発生する問題であるルンゲ現象は, 彼の名前にちなむ.

Column　【クッタ（1867-1944)】マルティン・ヴィルヘルム・クッタ

ポーランド出身のドイツの数学者. 常微分方程式を数値的に解くのに使われるルンゲ・クッタ法を共同開発した. 空気力学におけるジュコーフスキー・クッタの翼でも知られる.

5.5.2 ルンゲ・クッタ法のプログラム

図 5.14 にルンゲ・クッタ法の流れ図を示す．基本の流れは，改良オイラー法と同じで，繰り返し部のみをルンゲ・クッタ法の処理に置き換える．

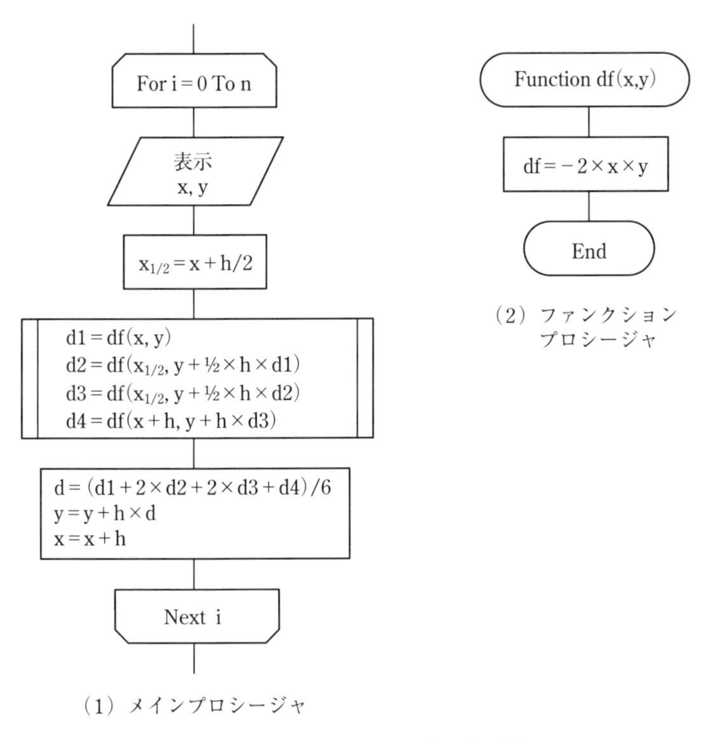

図 5.14　ルンゲ・クッタ法の流れ図

例題 5-3	下記に示す微分方程式の近似解を，ルンゲ・クッタ法により求めるプログラム「ルンゲクッタ法」を作成しなさい．初期条件と実行結果の Excel 表は**例題 5-1** と同じとする．また，誤差をオイラー法，改良オイラー法，ルンゲ・クッタ法で比較しなさい． $$\frac{dy}{dx} = -2xy$$

解答

◆プログラム

```
Sub ルンゲクッタ法()          ←‐中黒を入れるとエラーになる

'変数宣言
    Dim x As Double, y As Double, h As Double
    Dim xh As Double, d1 As Double, d2 As Double
    Dim d3 As Double, d4 As Double, d As Double
    Dim i As Integer, n As Integer

'初期値など
    x = Range("B1").Value
    y = Range("B2").Value
    h = Range("B3").Value
    n = Range("B4").Value

'繰り返し計算と表示
    For i = 0 To n
        Cells(7 + i, 1).Value = x
        Cells(7 + i, 2).Value = y
        xh = x + h / 2
        d1 = df(x, y)
        d2 = df(xh, y + h * d1 / 2)
        d3 = df(xh, y + h * d2 / 2)
        d4 = df(x + h, y + h * d3)
        d = (d1 + 2 * d2 + 2 * d3 + d4) / 6
        y = y + h * d
        x = x + h
    Next i

End Sub
```

```
Function df(x As Double, y As Double) As Double

    df = -2 * x * y

End Function
```

◆実行結果

6	x	近似解	理論解	誤差
7	0.0	3.00000	3.00000	0.00000
8	0.2	2.88237	2.88237	0.00000
9	0.4	2.55643	2.55643	0.00000
16	1.8	0.11794	0.11749	0.00045
17	2.0	0.05537	0.05495	0.00043

3 通りの数値解の誤差を比較すると，他と比べてルンゲ・クッタ法の誤差が著しく小さいことがわかる．

練習問題 5-2

温度 100℃ に加熱された鋼球を水槽（$T_0 = 30$〔℃〕）に入れた．時間 t〔min〕に対する鋼球の温度 T〔℃〕を求めるプログラム「ニュートンの冷却法則」をルンゲ・クッタ法により作成しなさい．式中の $k = 0.1865$〔min^{-1}〕，時間の刻み幅 $h = 1$（$n = 10$）とする．

$$\frac{dT}{dt} = -k(T - T_0) \tag{5.1}$$

(1)　近似解と理論解を図示して比較しなさい．

(2)　鋼球の温度が 50℃ になる時間を求めなさい．

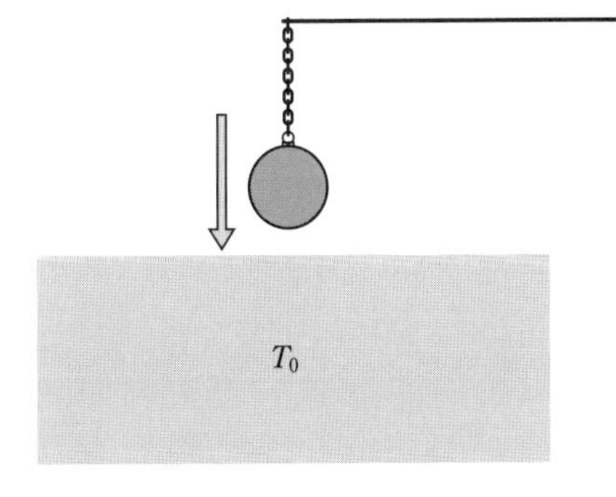

	A	B
1	t0	0
2	T0	100
3	h	1
4	n	10

図 5.15　鋼球の冷却

解答

◆プログラム

```
Sub ニュートンの冷却法則 ()

'変数宣言
    Dim t As Double, Temp As Double, h As Double
    Dim th As Double, d1 As Double, d2 As Double
    Dim d3 As Double, d4 As Double, d As Double
    Dim i As Integer, n As Integer

'初期値など
    t = Range("B1").Value
    Temp = Range("B2").Value
    h = Range("B3").Value
    n = Range("B4").Value

'繰り返し計算と表示
    For i = 0 To n
        Cells(7 + i, 1).Value = t
        Cells(7 + i, 2).Value = Temp
        th = t + h / 2
        d1 = df(Temp)
        d2 = df(Temp + h * d1 / 2)
        d3 = df(Temp + h * d2 / 2)
        d4 = df(Temp + h * d3)
        d = (d1 + 2 * d2 + 2 * d3 + d4) / 6
        Temp = Temp + h * d
        t = t + h
    Next i

End Sub
```

```
Function df(Temp As Double) As Double

    df = -0.1865 * (Temp - 30)

End Function
```

◆理論解

式(5.1)を変数分離して次式を得る.

$$\frac{dT}{T - T_0} = -kdt$$

両辺を積分して一般解を求める.

$$\int \frac{dT}{T - T_0} = -k \int dt$$

$$\therefore \quad \ln(T - T_0) = -kt + C$$

$$T = C' e^{-kt} + T_0$$

ここで，$t = 0$ のとき $T = 100$ より $C' = 70$ が得られ，$T_0 = 30$, $k = 0.1865$ であるので，それらを用いれば理論解は次式で表される.

$$T = 70 \exp(-0.1865t) + 30$$

◆実行結果

① 近似解は理論解と小数点 3 桁まで一致する（**図 5.16**）.

② 図より鋼球の温度が 50℃ になるのは，約 6.5 分である.

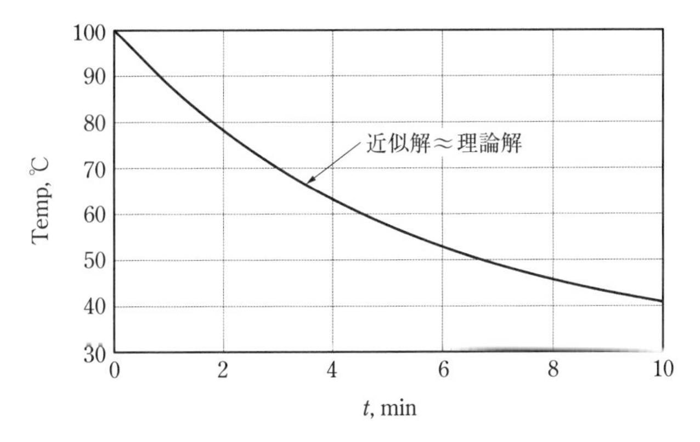

図 5.16 鋼球の温度変化

5.6 2階の常微分方程式

5.6.1 連立微分方程式への置き換え

2階の微分方程式は，適当な補助変数を導入することによって，連立1階微分方程式で表すことができる．例えば次式で示される2階の常微分方程式を考える．

$$\frac{d^2y}{dx^2} = a\frac{dy}{dx} + by \tag{5.12}$$

ここで，$\dfrac{d^2y}{dx^2} = y''$，$\dfrac{dy}{dx} = y'$ と書くと，式(5.12)は次式の形になる．

$$y'' = ay' + by \tag{5.13}$$

次に，補助関数 z $(= y')$ を導入すると，

$$y'' = \frac{d^2y}{dx^2} = \frac{d}{dx}\left(\frac{dy}{dx}\right) = \frac{dz}{dx} = z'$$

なので，式(5.13)は，次の連立方程式に書き換えられる．

$$z = y'$$

$$z' = ay' + by$$

例として2階の微分方程式を

$$\frac{d^2y}{dx^2} + y = 0 \tag{5.14}$$

とすると，式(5.14)は次の1階の連立微分方程式に書き換えられる．

$$y' = \frac{dy}{dx} = z$$

$$y'' = \frac{d^2y}{dx^2} = \frac{dz}{dx} = z' = -y$$

5.6.2 連立微分方程式の解法プログラム

次に，前述した数値解法の中から，精度が高いルンゲ・クッタ法を取り上げて連立微分方程式の解析に適用した流れ図を**図 5.17** に示す．初期条件設定の後のループ内では，ルンゲ・クッタ法で近似値を求めるために dy1〜dy4 と dz1〜dz4 を y と z に関するファンクションプロシージャを呼び出して計算する．dy と dz は，重みつき平均として求め，x，y，z を表示する．なお，ファンクションプロシージャの連立方程式は，$df = y' = z$，$dg = y'' = -y$ としている．

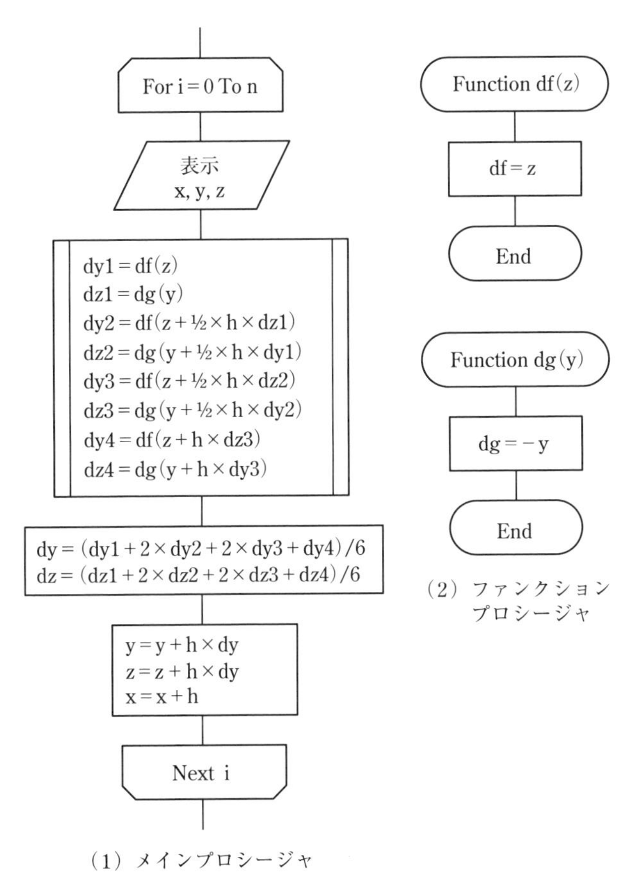

図 5.17 ルンゲ・クッタ法（連立微分方程式）の流れ図

例題 5-4　下記に示す 2 階の微分方程式の近似解をルンゲ・クッタ法により求めるプログラム「ルンゲクッタ法_2 階」を作成し，実行しなさい．また，x に対する y と z（$= y'$）の変化を図示しなさい．初期条件は，$x = 0$ のとき $y = 2$，$y' = z = -2$，刻み幅 $h = 0.2$（$n = 15$）とする．

$$\frac{d^2y}{dx^2} + y = 0$$

	A	B	C
1	x0	0	
2	y0	2	
3	z0	-2	
4	h	0.2	
5	n	15	
6			
7	x	y	z
8			

解答

◆プログラム

```
Sub ルンゲクッタ法_2 階 ()

'変数宣言
    Dim x As Double, y As Double, z As Double, h As Double
    Dim dy1 As Double, dy2 As Double, dy3 As Double, dy4 As Double
    Dim dz1 As Double, dz2 As Double, dz3 As Double, dz4 As Double
    Dim dy As Double, dz As Double
    Dim i As Integer, n As Integer

'初期値
    x = Range("B1").Value
    y = Range("B2").Value
    z = Range("B3").Value
    h = Range("B4").Value
    n = Range("B5").Value

'繰り返し計算と表示
```

```
    For i = 0 To n
        Cells(8 + i, 1).Value = x
        Cells(8 + i, 2).Value = y
        Cells(8 + i, 3).Value = z
        dy1 = df(z)
        dz1 = dg(y)
        dy2 = df(z + h * dz1 / 2)
        dz2 = dg(y + h * dy1 / 2)
        dy3 = df(z + h * dz2 / 2)
        dz3 = dg(y + h * dy2 / 2)
        dy4 = df(z + h * dz3)
        dz4 = dg(y + h * dy3)
        dy = (dy1 + 2 * dy2 + 2 * dy3 + dy4) / 6
        dz = (dz1 + 2 * dz2 + 2 * dz3 + dz4) / 6
        y = y + h * dy
        z = z + h * dz
        x = x + h
    Next i

End Sub
```

```
Function df(z As Double) As Double

    df = z

End Function
```

```
Function dg(y As Double) As Double

    dg = -y

End Function
```

◆実行結果

7	x	y	z
8	0	2.000	-2.000
9	0.2	1.563	-2.357
10	0.4	1.063	-2.621
11	0.6	0.521	-2.780
12	0.8	-0.041	-2.828
20	2.4	-2.826	0.124
21	2.6	-2.745	0.683
22	2.8	-2.554	1.214
23	3.0	-2.262	1.698

図 5.18 に，実行結果を基に x に対する y と z として示す．

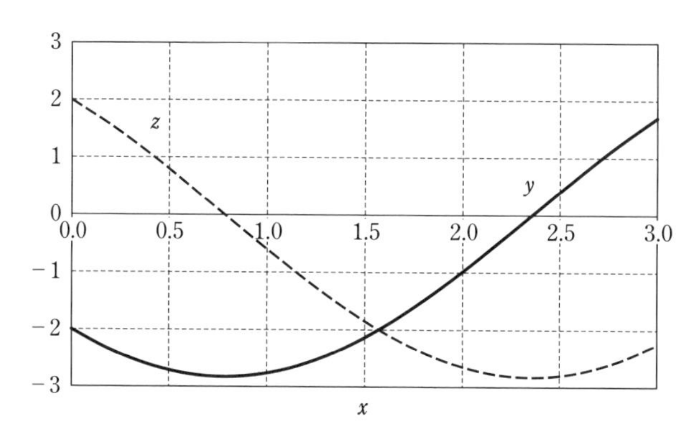

図 5.18　ルンゲ・クッタ法による連立微分方程式の解

練習問題 5-3

1 自由度の不減衰系の運動方程式は，次の 2 階の常微分方程式で表される．

$$m\frac{d^2x}{dt^2} + kx = 0$$

質量 $m = 1$〔kg〕，ばね定数 $k = 9$〔N/m〕とし，平衡（静的つりあい）位置から，運動を開始する場合の近似解を求めるプログラム「振動解析」を作成しなさい．初期条件は $t = 0$ のとき $x = 1$,

$v = 0$，すなわち，1 mm 上方に引っ張って静かに放す状況とする．刻み幅 $h = 0.2$（$n = 25$）とし，実行結果を基に「時間―変位」および「時間―速度」を示しなさい．

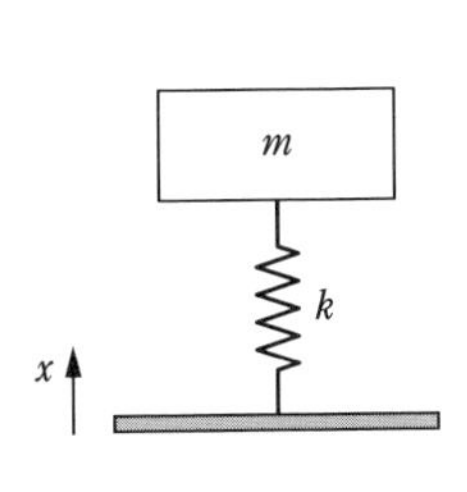

	A	B	C
1	t0	0	
2	x0	1	
3	z0	0	
4	h	0.2	
5	n	25	
6			
7	時間t	x	z
8			

解答　2 階の微分方程式を，次の連立 1 階微分方程式の形に変えてルンゲ・クッタ法を適用し解を求める．

$$x' = \frac{dx}{dt} = z$$

$$x'' = \frac{d^2x}{dt^2} = z' = -\frac{k}{m}x$$

メインプロシージャは**例題 5-4** のプログラムと同じで，変える部分はファンクションプロシージャのみである．

◆プログラム（ファンクションプロシージャ）

```
Function df(z As Double) As Double

    df = z

End Function
```

```
Function dg(x As Double) As Double

    dg = -9 * x

End Function
```

◆理論解

運動方程式から導かれる自由振動の一般解（変位 x）は，固有角振動数を ω，A と B を任意定数すると次式で表される．

$$x = A\cos\omega t + B\sin\omega t$$

初期条件 t=0 のとき x=1，v=0 を用いると，変位 x と速度 v はそれぞれ次式

$$x = \cos\omega t$$

$$v = x' = -\omega\sin\omega t$$

の形で表され，固有角振動数 $\omega = \sqrt{k/m} = 3$ を代入すると，例題の理論解は次式の形で得られる．

$$x = \cos 3t$$

$$x' = -3\sin 3t$$

◆実行結果

7	時間t	x	z
8	0.0	1.000	0.000
9	0.2	0.825	-1.692
10	0.4	0.363	-2.793
11	0.6	-0.225	-2.920
12	0.8	-0.735	-2.029
27	3.8	0.381	2.754
28	4.0	0.833	1.628
29	4.2	0.993	-0.065
30	4.4	0.808	-1.734
31	4.6	0.341	-2.798
32	4.8	-0.245	-2.886
33	5.0	-0.745	-1.968

実行結果を**図 5.19** に示す．固有角振動数 $\omega = 3$〔rad/s〕なので固有振動数 $f_n = \omega/2\pi = 0.48$〔Hz〕である．変位の時間変化を表す $x-t$ 曲線は，約 2 秒で 1 回の振動を示しており，固有振動数で振動している

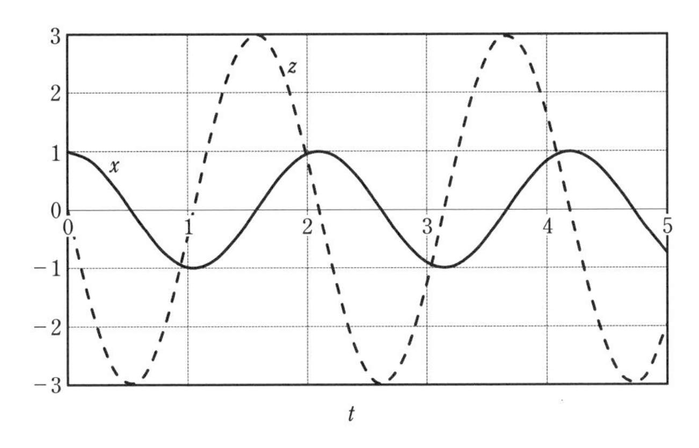

図 5.19　不減衰系の自由振動

ことを示している．一方，速度の時間変化を表す $z-t$ 曲線は，図に示すように変位 x の 3 倍の振幅で，$x-t$ 曲線より 90° 位相がずれていることがわかる．

【解説】固有振動数と固有角振動数：物体が単位時間当たりに振動する回数 f_n は固有振動数と呼ばれ，単位は Hz である．また，振動の 1 回の往復運動は円運動 1 周に対応することから，回転角で表す角振動数 ω は $\omega = 2\pi f_n$ と定義され，単位は rad/s である．

章末問題

問題 5-1　図 5.20 に示すような片持ちはりのたわみ曲線は，次の 1 階の常微分方程式で表される．

$$\frac{dy}{dx} + \frac{P}{EI}\left(lx - \frac{x^2}{2}\right) = 0$$

ルンゲ・クッタ法によるプログラム「たわみ曲線」を作成し，たわみ曲線を図示して最大たわみ量を求めなさい．集中荷重 P = 100〔N〕，長さ l = 200〔mm〕，はりの幅 b = 30〔mm〕，高さ h_t = 5〔mm〕，縦弾性係数 E = 210〔GPa〕とする．また，断面 2 次モーメント $I = b \times h_t^3/12$ である．

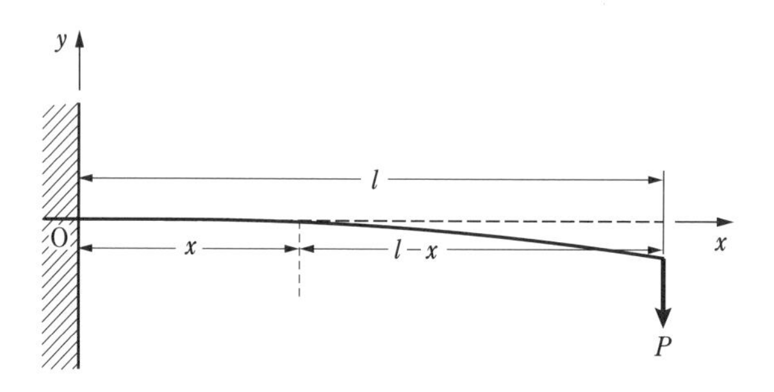

図 5.20　片持ちはりのたわみ

初期値などは以下のように設定する．

	A	B	C	D
1	x0	0		
2	y0	0		
3	h	0.02		
4	n	10		
5				
6	x	y	理論解	誤差
7				

問題 5-2 バイクや自動車などの輸送機械が走行している場合，より厳密な振動解を求める際には，質量 m とばね定数 k に加えて，サスペンションやタイヤなどの減衰係数（ダンパー）c を考慮した，**図 5.21** に示す並列系のフォークトモデルが用いられる．

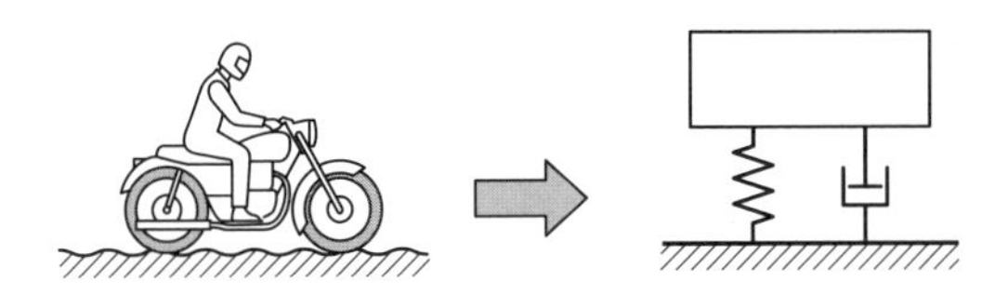

図 5.21　減衰系の自由振動

このような減衰系の 1 自由度モデルの運動方程式は，次の 2 階の常微分方程式で表される．

$$m\frac{d^2x}{dt^2}+c\frac{dx}{dt}+kx=0$$

ルンゲ・クッタ法によるプログラム「自由振動」を作成し，現在の位置 0 から，次の条件で運動を開始する場合の「時間―変位」曲線を描きなさい．ライダーを含むバイクの質量 m = 100〔kg〕，ばね定数 k = 17000〔N/m〕，減衰係数 c = 300〔N·s/m〕とし，初速 v = 300〔mm/s〕とする．これは，平衡位置（x = 0）からこの速度で上方向（正方向）に放す条件である．刻み幅 h = 0.05（n = 40）とし，解析時間は 2 秒とする．

初期値は以下のように設定する．

	A	B	C	D
1	t0	0		
2	x0	0		
3	z0	0.3		
4	h	0.05		
5	n	40		
6				
7	t	x	理論解	誤差
8				

第6章　数値積分

工業力学では，剛体の重心位置や慣性モーメントは微小部の集合として導出されるため，微小部の荷重の合成の際に数値積分が使用される（**図 6.1(1)**）．また材料力学では，はりに加わる分布荷重の解析に数値積分が使用される（**図 6.1(2)**）．

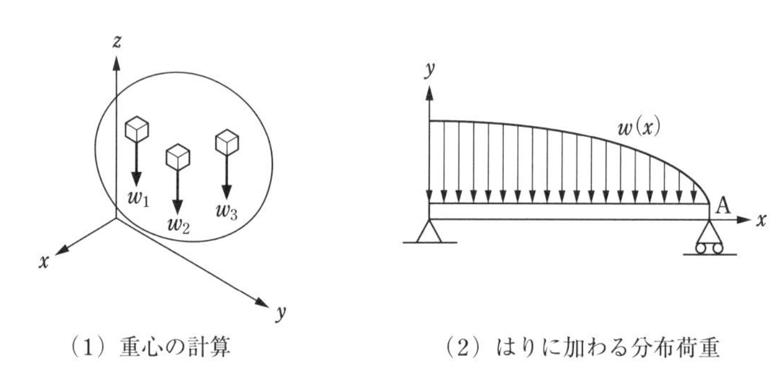

（1）重心の計算　　（2）はりに加わる分布荷重

図 6.1　数値積分の力学への適用例

6.1　定積分と数値積分

図 6.2 において，関数 $y = f(x)$ と区間 a≦ $x \leqq b$ が与えられたとき，$y = f(x)$ の曲線，x 軸，直線 $x = a$，直線 $x = b$ で囲まれた図形の面積 S は，積分公式に基づく定積分によって求められる．

一方，数値積分は，積分公式を用いずに，与えられた関数そのままで関数の描く曲線で囲まれた面積の近似値を求める計算手法である．具体的には，関数 $f(x)$ を直線や曲線で近似し，区切られた小面積を合計した面積が区間の面積とされる．

$$S = \int_a^b f(x)\,dx$$

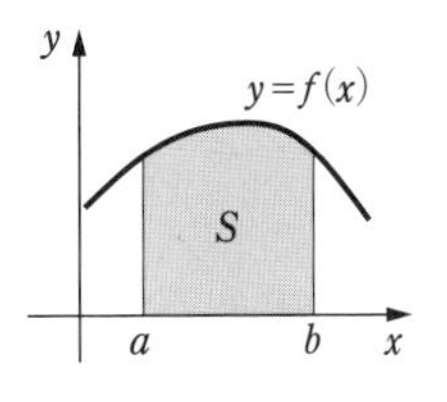

図 6.2　定積分

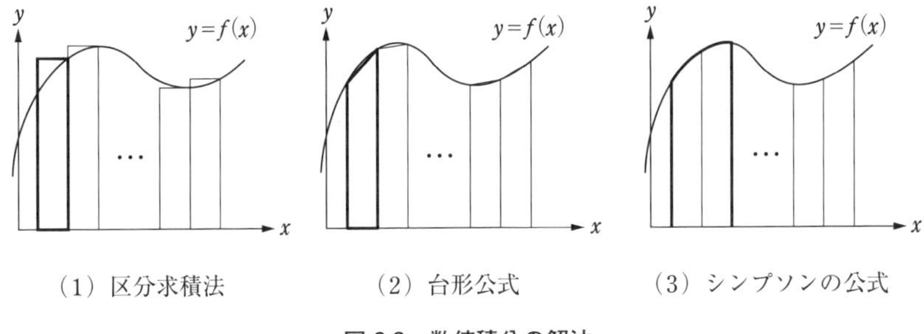

図 6.3　数値積分の解法

本章では，**図 6.3** に示すような長方形の面積で近似する区分求積法，台形の面積で近似する台形公式，曲線を微小な放物線の集まりで近似するシンプソンの公式を取り上げて説明する．

6.2 区分求積法

6.2.1　区分求積法による数値解法

図 6.4 に示すように，区間 $a \leqq x \leqq b$ を n 等分して，刻み幅を $h = \dfrac{b-a}{n}$ とする．ここで，関数 $f(x)$ 上の各点を，$(x_0, y_0), (x_1, y_1), \cdots, (x_{n-1}, y_{n-1}), (x_n, y_n)$ とすると，関数 $f(x)$，x 軸，$x = a$，$x = b$ で囲まれた面積 S は，分割した n 個の長方形の面積の合計で近似できる．長方形の各点の x 座標と y 座標は，

$$x_1 = a + h,\ x_2 = a + 2h,\ \cdots,\ x_n = b$$

$$y_1 = f(a + h),\ y_2 = f(a + 2h),\ \cdots,\ y_n = f(a + nh)$$

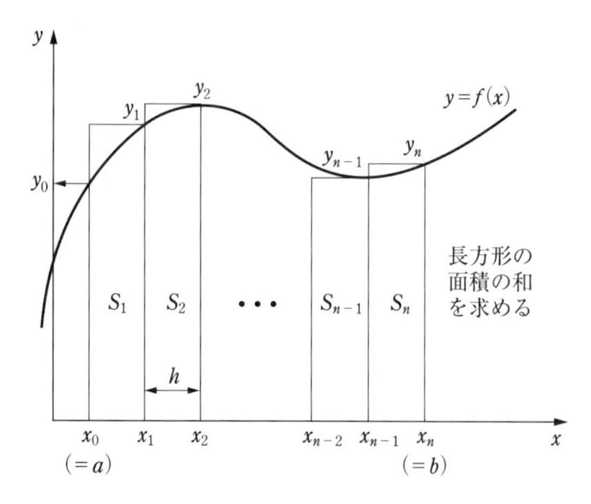

図 6.4　区分求積法による面積の求め方

であるので，長方形の面積は，刻み幅 × 縦の辺の長さで与えられる．

$$S_1 = hy_1$$

$$S_2 = hy_2$$

$$\cdots\cdots\cdots\cdots\cdots\cdots$$

$$S_{n-1} = hy_{n-1}$$

$$S_n = hy_n$$

長方形の面積の総和（= 刻み幅 × 縦の辺の合計長さ）が定積分の近似値になる．

$$\begin{aligned} S &\approx S_1 + S_2 + \cdots + S_{n-1} + S_n \\ &= h(y_1 + y_2 + \cdots + y_{n-1} + y_n) \\ &= h\sum_{i=1}^{n} y_i \end{aligned} \tag{6.1}$$

6.2.2　区分求積法のプログラム

図 6.5 に，区分求積法のプログラムの流れ図を示す．

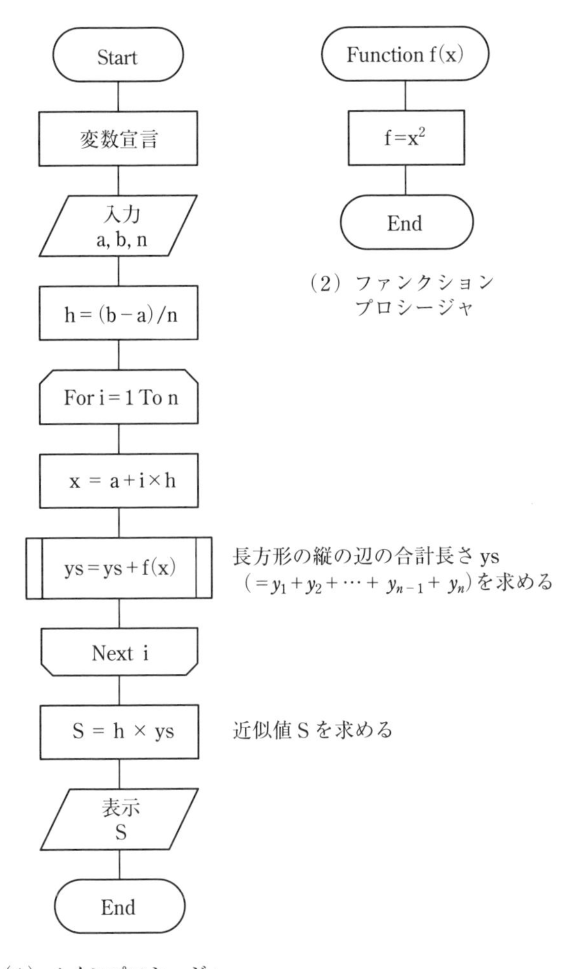

図 6.5　区分求積法の流れ図

例題 6-1	定積分の近似値を区分求積法により求めるプログラム「区分求積法」を作成し，実行しなさい．また，分割数 n を 10，100，1000 とした場合の近似値を求め，理論値と比較して近似の精度を比較しなさい．

$$S = \int_0^1 x^2 dx$$

	A	B
1	f (x)	x^2
2	区間始点 a	0
3	区間終点 b	1
4	分割数 n	4
5	近似値	

解答

◆プログラム

```
Sub 区分求積法 ()

'変数宣言
    Dim n As Integer, i As Integer
    Dim a As Double, b As Double, h As Double, S As Double
    Dim x As Double, ys As Double

'データ入力
    a = Range("B2").Value
    b = Range("B3").Value
    n = Range("B4").Value

'h, x, ys の計算
    h = (b - a) / n
    For i = 1 To n
        x = a + i * h
        ys = ys + f(x)
    Next i

'区分求積法
    S = h * ys

'表示
    Range("B5").Value = S
```

```
End Sub
```

```
Function f(x As Double) As Double
    f = x ^ 2
End Function
```

◆理論値

面積 S の理論値は，積分公式により求められる．

$$S = \int_0^1 x^2 dx = \left[\frac{x^3}{3}\right]_0^1 = \frac{1}{3} = 0.33333\cdots$$

◆実行結果

4	分割数 n	4
5	近似値	0.46875

分割数と近似値を次の表に示す．

分割数 n	4	10	100	1000
近似値	0.46875	0.38500	0.33835	0.33383

実行結果を見ると，理論値 0.33333… に対し，分割数 $n = 4$ では誤差が大きいが，分割数 n を大きくするに従い，近似値は理論値に近づいていくことがわかる．

次に，三角関数の積分問題を取り上げる．厚さが一定で材質が均一の物体の場合，その形状から重心位置が求められる．扇形の場合，**図 6.6** に示すように，x 軸となす角 θ のところに微小中心角 $d\theta$ の扇形を考える．微小扇形を二等辺三角形と見なすと，重心位置 x_G は中心から $\frac{2}{3}r$ のところにあるので，x_G は，r を半径，α を扇形の中心角とすると次式により表される．

$$x_G = \frac{\int_{-\alpha/2}^{\alpha/2} \frac{2}{3} r \cos\theta \cdot dS}{\text{扇の面積}} = \frac{\int_{-\alpha/2}^{\alpha/2} \frac{2}{3} r \cos\theta \cdot \frac{1}{2} r^2 d\theta}{\int_{-\alpha/2}^{\alpha/2} \frac{1}{2} r^2 d\theta}$$

$$= \frac{2r}{3\alpha} \int_{-\alpha/2}^{\alpha/2} \cos\theta d\theta$$

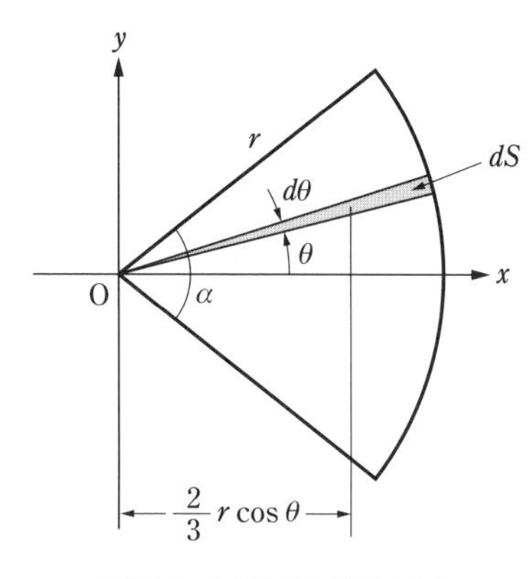

図 6.6　扇形板の重心位置

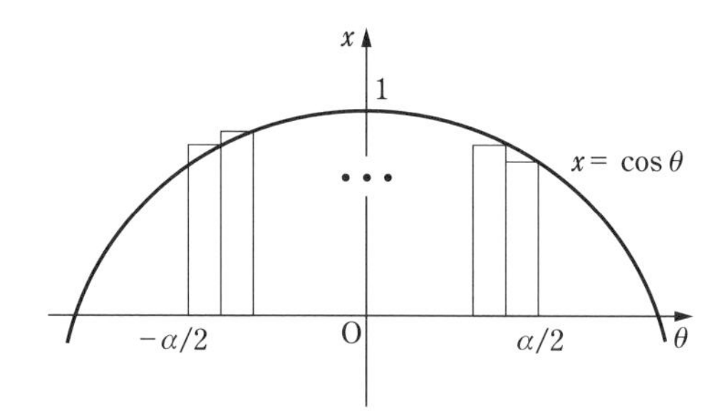

図 6.7　$\cos\theta$ の数値計算

練習問題 6-1

図 6.6 に示す扇形部材の重心位置 x_G を区分求積法により求めるプログラム「重心」を作成し，重心位置 x_G を求めなさい．プログラムでは，**図 6.7** に示す $x = \int_{-\alpha/2}^{\alpha/2} \cos\theta d\theta$ を区分求積法により求める．

	A	B	C
1	半径 r	m	0.1
2	中心角 α	度	60
3	分割数 n	–	10
4	x_G	m	

解答

◆プログラム

```
Sub 重心()

'変数宣言
    Const π As Double = 3.14159
    Dim n As Integer, i As Integer
    Dim r As Double, α As Double, θ As Double, dθ As Double
    Dim a As Double, b As Double
    Dim xG As Double, x As Double, S As Double

'データ入力
    r = Range("C1").Value
    α = Range("C2").Value * π / 180  '単位 度 →rad
    a = -α / 2          '区間始点
    b = α / 2           '区間終点
    n = Range("C3").Value

'cosθ の積算
    dθ – α / n
    For i = 1 To n
        θ = a + i * dθ
        x = x + f(θ)
    Next i

'重心計算
    S = dθ * x
    xG = 2 * r / (3 * α) * S
```

```
'表示
    Range("C4").Value = xG

End Sub
```

```
Function f(x As Double) As Double

    f = Cos(x)

End Function
```

◆理論値

次式で示す理論解に諸元を当てはめて，$x_G = 0.06366$ が得られる．

$$x_G = \frac{2r}{3\alpha}\int_{-\alpha/2}^{\alpha/2} \cos\theta d\theta = \frac{4r}{3\alpha}\sin\frac{\alpha}{2}$$

◆実行結果

4	x_G	m	0.06360

6.3 台形公式

6.3.1 台形公式による数値解法

分割した図形を台形で近似する計算方法を台形公式と呼ぶ．区分求積法による近似に比べて分割数が同じ場合，誤差を減らすことができる．

図 6.8 に示すように，区間 a≦ x ≦ b を n 等分して刻み幅を $h = \dfrac{b-a}{n}$ とする．関数 $f(x)$ 上の各点を，$(x_0, y_0), (x_1, y_1), (x_2, y_2), \cdots, (x_{n-1}, y_{n-1}), (x_n, y_n)$ とすると，折れ線と x 軸，$x = a$，$x = b$ で囲まれた面積は，高さ h の n 個の台形の面積の合計で近似できる．台形の各点の x 座標と y 座標は，

$$x_0 = a,\ x_1 = a + h,\ x_2 = a + 2h,\ \cdots,\ x_n = b$$

$$y_0 = f(a),\ y_1 = f(x_1),\ y_2 = f(x_2),\ \cdots,\ y_n = f(b)$$

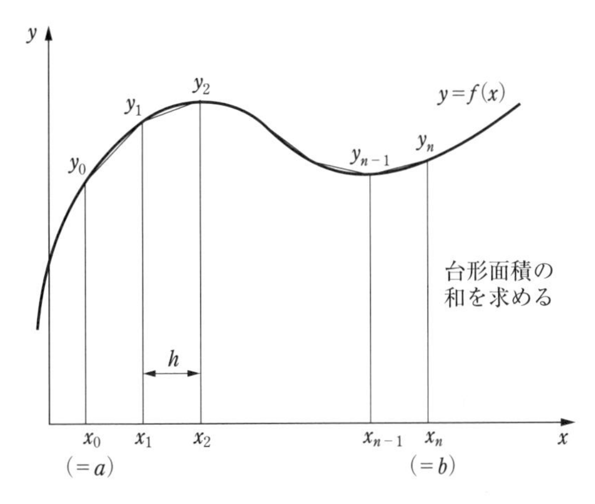

図 6.8　台形公式による面積の求め方

であるので，台形の面積は，

$$S_1 = \frac{h}{2}(y_0 + y_1)$$

$$S_2 = \frac{h}{2}(y_1 + y_2)$$

$$\cdots\cdots\cdots\cdots\cdots\cdots\cdots\cdots\cdots$$

$$S_{n-1} = \frac{h}{2}(y_{n-2} + y_{n-1})$$

$$S_n = \frac{h}{2}(y_{n-1} + y_n)$$

になり，台形の面積の総和が定積分の近似値になる．

$$\begin{aligned} S &\approx S_1 + S_2 + \cdots + S_{n-1} + S_n \\ &= \frac{h}{2}\{y_0 + 2(y_1 + y_2 + \cdots + y_{n-1}) + y_n\} \\ &= \frac{h}{2}\left(y_0 + y_n + 2\sum_{i=1}^{n-1} y_i\right) \end{aligned} \tag{6.2}$$

式(6.2)が台形公式である．

6.3.2 台形公式のプログラム

図 6.9 に台形公式の流れ図を示す．

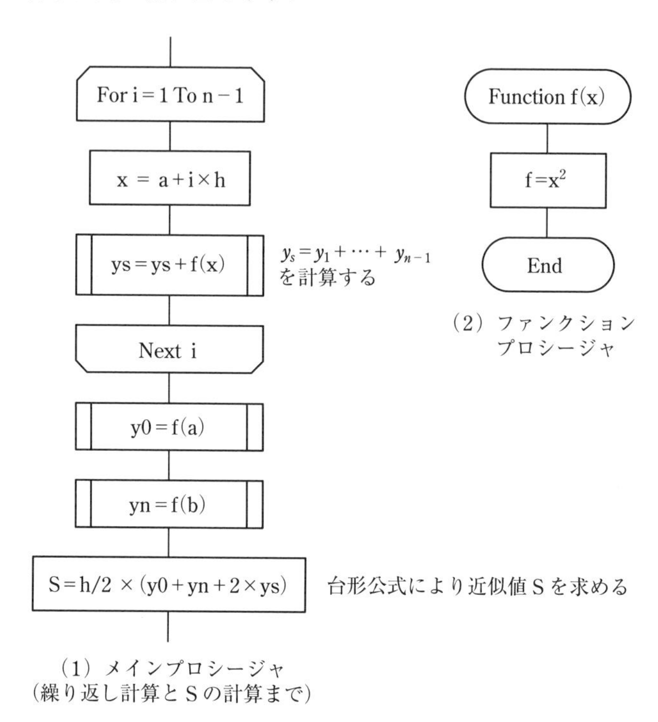

図 6.9　台形公式の流れ図

例題 6-2	定積分の近似値を台形公式により求めるプログラム「台形公式」を作成し，実行しなさい．また，分割数 n を 10，100，1000 とした場合のそれぞれの近似値を求めなさい．

$$S = \int_0^1 x^2 dx$$

	A	B
1	f (x)	x²
2	区間始点 a	0
3	区間終点 b	1
4	分割数 n	4
5	近似値	

解答

◆プログラム

```
Sub 台形公式 ()

'変数宣言
    Dim n As Integer, i As Integer
    Dim a As Double, b As Double, h As Double, _
        S As Double
    Dim x As Double, y0 As Double, yn As Double, _
        ys As Double

'データ入力
    a = Range("B2").Value
    b = Range("B3").Value
    n = Range("B4").Value

'h, x, y の計算
    h = (b - a) / n
    For i = 1 To n - 1
        x = a + i * h
        ys = ys + f(x)
    Next i

'台形公式
    y0 = f(a)
    yn = f(b)
    S = h / 2 * (y0 + yn + 2 * ys)

'表示
    Range("B5").Value = S

End Sub
```

1 行が長い場合，アンダースコア「_」を書いて改行した後，残りを次行に書く

```
Function f(x As Double) As Double

    f = x ^ 2

End Function
```

◆**実行結果**

4	分割数 n	4
5	近似値	0.34375

分割数と積分値を次の表に示す.

分割数 n	4	10	100	1000
近似値	0.34375	0.33500	0.33335	0.33333

計算結果は $n = 1000$ で小数点以下第5位まで理論値 $S = 0.33333\cdots$ と一致する. なお, 区分求積法と同じ分割数で比較すると, 台形公式による近似値の方が理論値に近い結果が得られることがわかる.

次に, 関数が与えられていない場合にも, 数値積分によって近似値が求められる例を紹介する.

練習問題 6-2 実験で物体の時間ごとの速度を速度計にて測定した. その結果, 図 6.10 のようなデータが得られた. 物体の1秒から2秒の間の移

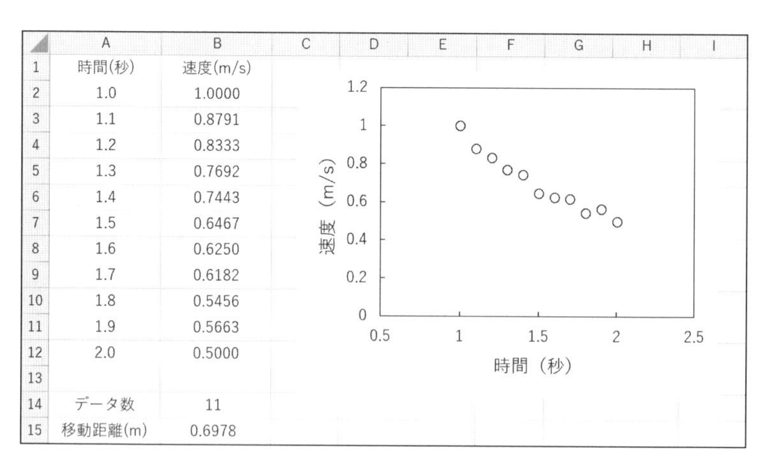

図 6.10 物体の移動速度の測定データ

動距離を，台形公式を用いて求めるプログラム「移動距離」を作成し，実行しなさい．

解答　時間と速度のグラフでは面積が移動距離となる．

◆**プログラム**

```
Sub 移動距離 ()

'変数宣言
    Dim datasu As Integer, n As Integer, i As Integer
    Dim h As Double, S As Double
    Dim x0 As Double, xn As Double
    Dim y0 As Double, yn As Double, ys As Double

'データ数，分割数
    Do
        If IsEmpty(Cells(2 + i, 1).Value) Then Exit Do
        i = i + 1   ---IsEmpty：第1章23ページ参照
    Loop
    datasu = i
    n = datasu - 1

'h, x, y の計算
    For i = 0 To n
        If i = 0 Then
            x0 = Cells(2 + i, 1).Value
            y0 = Cells(2 + i, 2).Value
        ElseIf i = n Then
            xn = Cells(2 + i, 1).Value
            yn = Cells(2 + i, 2).Value
        Else
            ys = ys + Cells(2 + i, 2).Value
        End If
    Next i
    h = (xn - x0) / n

'台形公式
    S = h / 2 * (y0 + yn + 2 * ys)

'表示
    Range("B14").Value = datasu
    Range("B15").Value = S

End Sub
```

◆実行結果

14	データ数	11
15	移動距離(m)	0.6978

6.4 シンプソンの公式

6.4.1 シンプソンの公式による数値解法

隣りあった3つの分点を放物線で結んで面積を計算する方法をシンプソンの公式と呼ぶ．**図 6.11** に示すように区間 $a \leqq x \leqq b$ を $2n$ 等分に分割し，刻み幅を $h = \dfrac{b-a}{2n}$ とする．関数 $f(x)$ 上の各点を，$(x_0, y_0), (x_1, y_1), \cdots, (x_{2n}, y_{2n})$ とすると，

$$x \text{座標：} x_0 = a,\ x_1 = a + h,\ x_2 = a + 2h,\ \cdots,\ x_{2n} = b$$

$$y \text{座標：} y_0 = f(x_0),\ y_1 = f(x_1),\ \cdots,\ y_{2n} = f(x_{2n})$$

である．

まず，3つの分点 (x_0, y_0)，(x_1, y_1)，(x_2, y_2) を通る2次関数を求める．いま，2次関数を

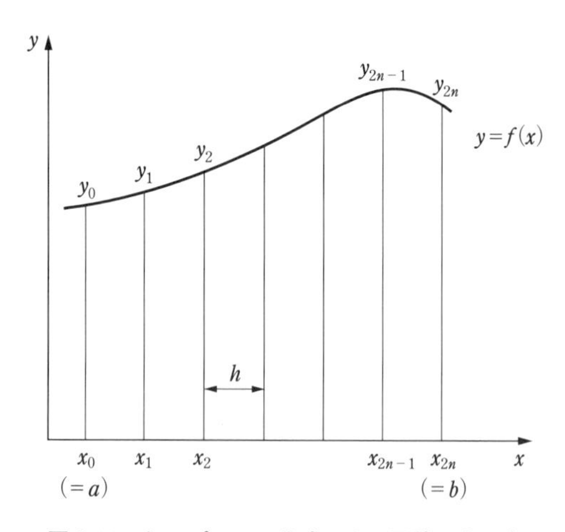

図 6.11　シンプソンの公式による面積の求め方

$$y = ax^2 + bx + c \tag{6.3}$$

とし，3 点がこの関数のグラフ上にあるとすれば，$x_0 = x_1 - h$，$x_2 = x_1 + h$ であるから，次式が成り立つ．

$$y_0 = a(x_1 - h)^2 + b(x_1 - h) + c$$

$$y_1 = a(x_1)^2 + bx_1 + c$$

$$y_2 = a(x_1 + h)^2 + b(x_1 + h) + c$$

これら 3 式を a，b，c について解く．

$$a = \frac{y_0 - 2y_1 + y_2}{2h^2}$$

$$b = \frac{y_2 - y_0}{2h} - 2ax_1$$

$$c = y_1 + a(x_1)^2 - \frac{y_2 - y_0}{2h}x_1$$

次に，**図 6.12** に示すように区間 $x_0 \leqq x \leqq x_2$ における 2 次関数の式(6.3)と x 軸，$x = x_0$，$x = x_2$ で囲まれた面積 S_1 を定積分で求める．ここで $x = x_1$ とおくと次式が得られる．

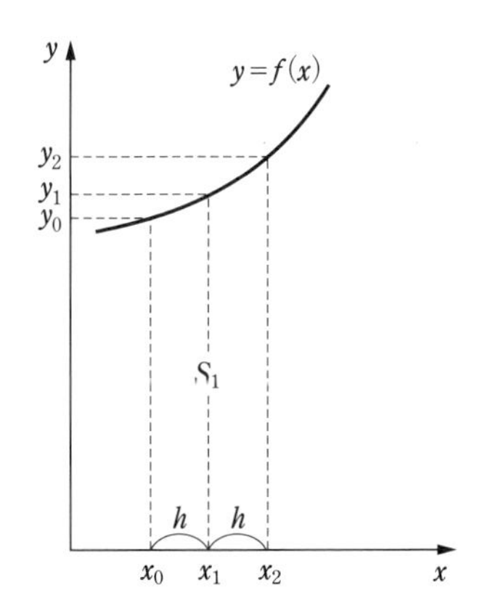

図 6.12　区間 $x_0 \leqq x \leqq x_2$ における面積

$$
\begin{aligned}
S_1 &= \int_{x-h}^{x+h} (ax^2+bx+c)\,dx \\
&= \left[\frac{ax^3}{3} + \frac{bx^2}{2} + cx \right]_{x-h}^{x+h} \\
&= \frac{a}{3}\left\{(x+h)^3-(x-h)^3\right\} + \frac{b}{2}\left\{(x+h)^2-(x-h)^2\right\} + 2ch \\
&= 2ahx^2 + \frac{2}{3}h^3 a + 2bhx + 2ch \\
&= 2h\left\{ax^2 + \frac{h^2}{3}\left(\frac{y_0-2y_1+y_2}{2h^2}\right) + \left(\frac{y_2-y_0}{2h} - 2ax\right)x + y_1 + ax^2 - \left(\frac{y_2-y_0}{2h}\right)x\right\} \\
&= \frac{h}{3}(y_0+4y_1+y_2)
\end{aligned}
$$

同様にして，

$$
\begin{aligned}
S_2 &= \frac{h}{3}(y_2 + 4y_3 + y_4), \\
&\cdots\cdots\cdots\cdots\cdots\cdots \\
S_n &= \frac{h}{3}(y_{2n-2} + 4y_{2n-1} + y_{2n})
\end{aligned}
$$

したがって，定積分の値 S は次式で近似される．

$$
\begin{aligned}
S &\approx S_1 + S_2 + \cdots + S_n \\
&= \frac{h}{3}\{(y_0 + 4y_1 + y_2) + (y_2 + 4y_3 + y_4) + \cdots + (y_{2n-2} + 4y_{2n-1} + y_{2n})\}
\end{aligned}
$$

ここで，y_i の i が奇数の場合 y_i を 4 倍，偶数の場合 y_i を 2 倍することになる．

$$
S \approx \frac{h}{3}\{y_0 + y_{2n} + 4(y_1 + y_3 + \cdots + y_{2n-1}) + 2(y_2 + y_4 + \cdots + y_{2n-2})\} \tag{6.4}
$$

式(6.4)をシンプソンの公式という．

Column　【シンプソン（1710-1761)】トーマス・シンプソン

イギリスの数学者．シンプソンの公式として知られるようになった手法は以前からよく知られていたが，後に最初の実用的な反射望遠鏡であるグレゴリー式望遠鏡の考案者グレゴリーが再発見し，シンプソンの公式と名づけられた．

6.4.2　シンプソンの公式のプログラム

図 6.13 にシンプソンの公式の流れ図を示す.

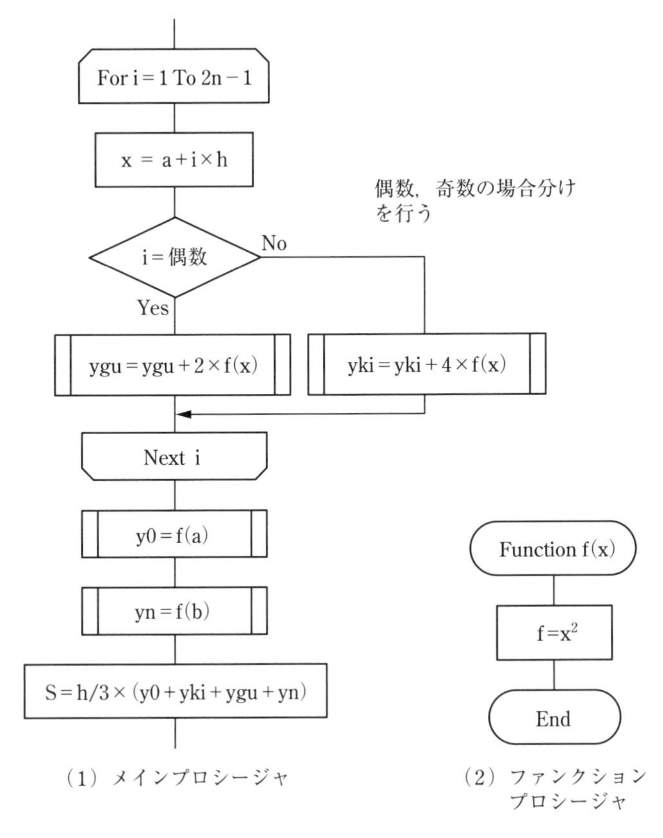

図 6.13　シンプソンの公式の流れ図

例題 6-3　定積分の近似値をシンプソンの公式により求めるプログラム「シンプソンの公式」を作成し，実行しなさい.

$$S = \int_0^1 x^2 dx$$

	A	B
1	f(x)	x^2
2	区間始点 a	0
3	区間終点 b	1
4	分割数 n	4
5	近似値	

解答

◆プログラム

```
Sub シンプソンの公式 ()

'変数宣言
   Dim n As Integer, i As Integer
   Dim a As Double, b As Double, h As Double, _
       S As Double, x As Double
   Dim y0 As Double, yn As Double
   Dim ygu As Double, yki As Double

'データ入力
   a = Range("B2").Value
   b = Range("B3").Value
   n = Range("B4").Value

'計算
   h = (b - a) / (2 * n)
   For i = 1 To 2 * n - 1
       x = a + i * h
       If i Mod 2 = 0 Then      'i 偶数
          ygu = ygu + 2 * f(x)
       Else                     'i 奇数
          yki = yki + 4 * f(x)
       End If
   Next i

'シンプソンの公式
   y0 = f(a)
   yn = f(b)
   S = h / 3 * (y0 + yki + ygu + yn)

'表示
   Range("B5").Value = S

End Sub
```

←Mod 関数は余りを計算する関数で，i/2 の余りが 0 の場合と，それ以外の場合に分けることで，i が偶数か奇数かを判別する

```
Function f(x As Double) As Double

   f = x ^ 2

End Function
```

◆実行結果

4	分割数 n	4
5	近似値	0.333333

理論値は $S = 0.33333\cdots$ であるので，シンプソンの公式による計算結果は分割数 $n = 4$ で小数点以下第 5 位まで理論値と一致しており，台形公式と比較して効率よく精度の高い近似値が得られることがわかる．

練習問題 6-3　**図 6.14** に示す半径 R，厚さ t，密度 ρ の円板の慣性モーメント（物体の回転しにくさの度合い）を求めるプログラム「慣性モーメント」をシンプソンの公式により作成しなさい．円板に垂直な軸まわりの慣性モーメント I は，質量と軸からの距離の 2 乗に比例するので，円環状微小要素の質量を $2\pi\rho rtdr$ とすると，次式で求められる．

$$I = \int_0^R r^2 2\pi\rho rtdr = 2\pi\rho t \int_0^R r^3 dr$$

また，表に示す諸元を用いて近似解を求めなさい．

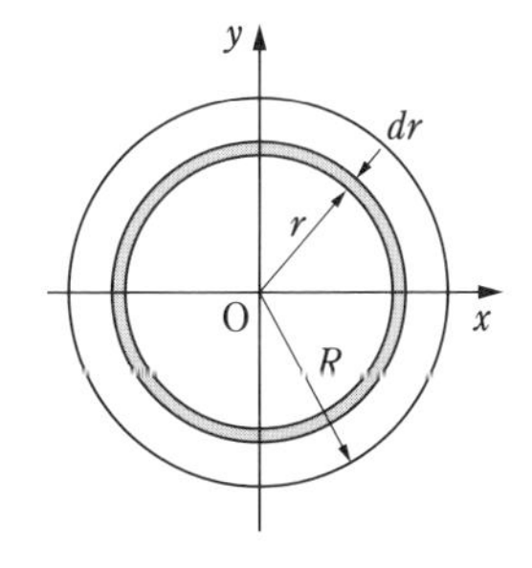

	A	B	C
1	密度 ρ	kgm^{-3}	7700
2	半径 R	m	0.1
3	厚さ t	m	0.005
4	分割数 n	-	4
5	慣性モーメント I	kgm^2	

図 6.14　円板の慣性モーメント

解答　**例題 6-3** の「シンプソンの公式」をできるだけそのまま使ったプログラム例である．

◆プログラム

```
Sub 慣性モーメント ()

'変数宣言
    Const π As Double = 3.14159
    Dim n As Integer, i As Integer
    Dim ρ As Double, R As Double, t As Double, _
        Inertia As Double
    Dim a As Double, b As Double, h As Double, _
        S As Double, x As Double
    Dim y0 As Double, yn As Double
    Dim ygu As Double, yki As Double

'データ入力
    ρ = Range("C1").Value
    R = Range("C2").Value
    t = Range("C3").Value
    n = Range("C4").Value
    a = 0           '区間始点
    b = R           '区間終点

'計算
    h = (b - a) / (2 * n)
    For i = 1 To 2 * n - 1
        x = a + i * h
        If i Mod 2 = 0 Then      'i 偶数
            ygu = ygu + 2 * f(x)
        Else                     'i 奇数
            yki = yki + 4 * f(x)
        End If
    Next i

'シンプソンの公式
    y0 = f(a)
    yn = f(b)
    S = h / 3 * (y0 + yki + ygu + yn)
    Inertia = 2 * π * ρ * t * S

'表示
    Range("C5").Value = Inertia

End Sub
```

(区間始点から S = h / 3 * (y0 + yki + ygu + yn) まで：シンプソンの公式)

```
Function f(x As Double) As Double
```

```
    f = x ^ 3
End Function
```

◆理論値

理論値は，次式に諸元を代入して $I = 0.006048$〔kg · m^2〕と求められる．

$$I = 2\pi\rho t \int_0^R r^3 dr = \frac{\pi\rho t R^4}{2}$$

◆実行結果

5	慣性モーメント I	kgm^2	0.006048

6.5 重積分

6.5.1 重積分の定義

前節で述べた1変数関数 $y = f(x)$ の積分が面積を与えたのに対して，本節で述べる2変数関数 $z = f(x, y)$ の重積分は体積を与えることになる．

図6.15 に示すように，領域 D が次のように定義されるとき，

$$D = \{(x, y) \mid a \leqq x \leqq b, c \leqq y \leqq d\}$$

$z = f(x, y)$ で表される関数面（曲面もあるが，ここでは平面）と xy 平面の領域 D で挟まれた立体の体積 V は，次の重積分（二重積分）を用いて求められる．

$$V = \iint_D f(x, y)\, dxdy = \int_c^d \int_a^b f(x, y)\, dxdy = \int_c^d \left(\int_a^b f(x, y)\, dx \right) dy$$

例として，

$$D = \{(x, y) \mid 0 \leqq x \leqq 1, 0 \leqq y \leqq 1\}$$

$$z = f(x, y) = 2 - x - y$$

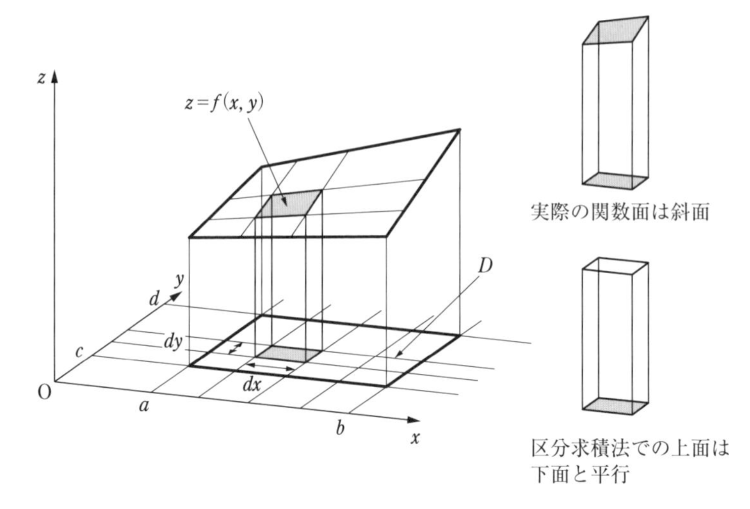

図 6.15　重積分の求め方

の重積分を計算する．

$$
\begin{aligned}
V &= \iint_D f(x, y)\,dxdy \\
&= \int_0^1 \left(\int_0^1 (2 - x - y)\,dx \right) dy = \int_0^1 \left[2x - \frac{1}{2}x^2 - xy \right]_0^1 dy \\
&= \int_0^1 \left(2 - \frac{1}{2} - y \right) dy = \left[\frac{3}{2}y - \frac{1}{2}y^2 \right]_0^1 = 1
\end{aligned}
$$

6.5.2　区分求積法を用いた重積分の数値解法

図 6.15 に示したように，x 方向の区間始点と終点を a と b，y 方向の区間始点と終点を c と d とする．x 方向と y 方向の区間をそれぞれ n 個に分割すると，刻み幅は

$$
dx = \frac{b - a}{n}, \quad dy = \frac{d - c}{n}
$$

である．ここで，$dxdy$ は xy 平面における灰色部分の面積，$f(x, y)$ はその座標における関数面の z 座標であり，$f(x, y)\,dxdy$ は灰色の面を底辺とする四角柱の体

積となる．求める全体の体積は，小さな四角柱の体積を領域 D にわたって加算していったときの体積になる．

なお，図中に示すように，実際の関数面（上面）は斜面であるのに対して，区分求積法での上面は下面と平行となるため，その差が誤差になる．

計算手順は，次のとおりである（**図 6.16**）．

① まず y を固定して（$y = c$），x 方向に刻み幅 dx ずつ増やしながら z（$= f(x, y)$）を計算し，$z_s = z_1 + z_2 + \cdots + z_n$ を求める．

② $S = dx \times z_s$ により y 方向の 1 断面の面積 S を求める．

③ 次に，y 方向に刻み幅 dy を足して（$y = c + dy$），①の計算を繰り返し，$S_s = S_s + S$ により面積 S_s を加算する．

④ 順次，y 方向の区間終点 $y = d$ になるまで②の操作を実施して $S_s = S_s + S$ により総面積 S_s を求め，最後に体積の近似値 $V = dy \times S_s$ を求める．

① $z_s = z_1 + z_2 + \cdots + z_n$

② $S = dx \times z_s$

③ $S_s = S_s + S$

④ $V = dy \times S_s$

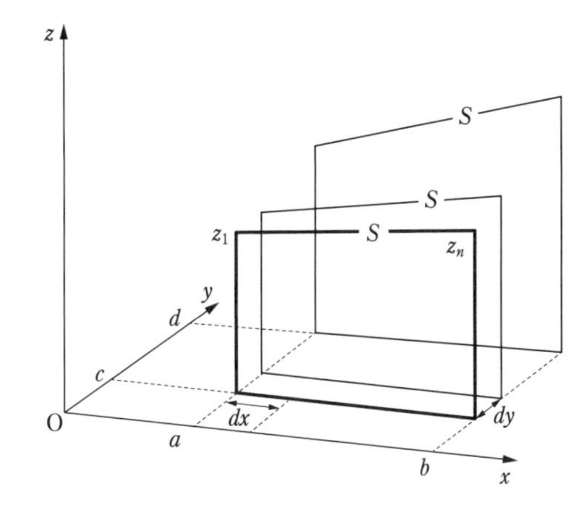

図 6.16　重積分の計算手順

6.5.3 重積分のプログラム

図 6.17 に区分求積法を用いた重積分の流れ図を示す．

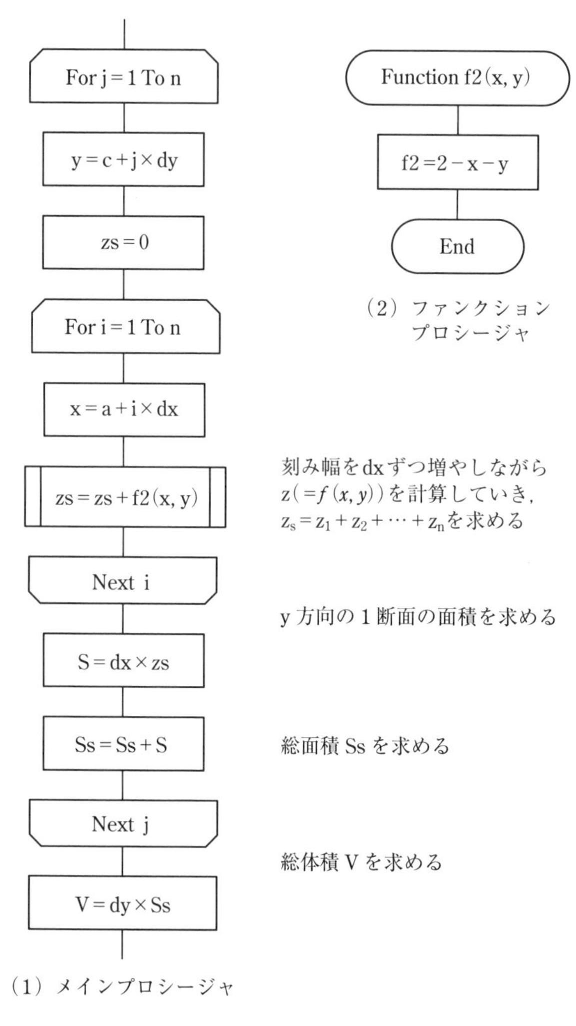

図 6.17　重積分の流れ図

例題 6-4

関数平面と，xy 平面上の領域 D が次のように与えられている．

$$z = 2 - x - y$$

$$D = \{(x, y) \mid 0 \leqq x \leqq 1, 0 \leqq y \leqq 1\}$$

このとき関数平面と，xy 平面によってはさまれてできる立体の体積 V（図 6.18）

$$V = \iint_D f(x, y)\, dxdy$$

を計算するプログラム「重積分」を作成し，実行しなさい．また，分割数 n を 10，100，1000 と変えて近似値を理論値と比較しなさい．

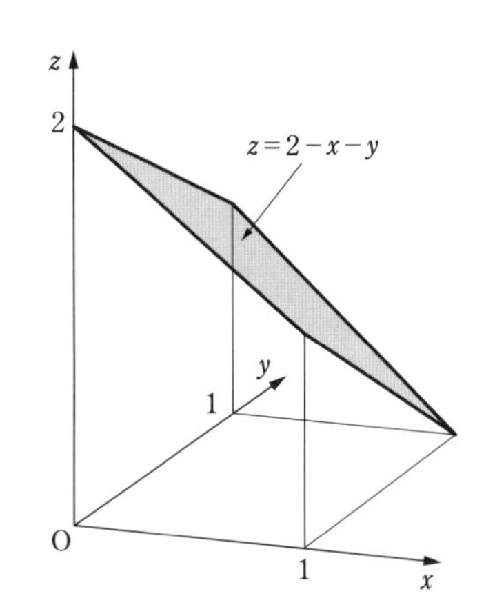

	A	B
1	f(x, y)	2-x-y
2	区間始点 a	0
3	区間終点 b	1
4	区間始点 c	0
5	区間終点 d	1
6	分割数 n	100
7	近似値 V	

図 6.18　例題 6-4 の立体

解答

◆プログラム

```
Sub 重積分 ()

'変数宣言
    Dim n As Integer, i As Integer, j As Integer
    Dim a As Double, b As Double, c As Double, _
        d As Double
    Dim dx As Double, dy As Double, S As Double, _
        V As Double
    Dim x As Double, y As Double
    Dim zs As Double, Ss As Double

'データ入力
    a = Range("B2").Value
    b = Range("B3").Value
    c = Range("B4").Value
    d = Range("B5").Value
    n = Range("B6").Value

'計算
    dx = (b - a) / n
    dy = (d - c) / n
    For j = 1 To n
        y = c + j * dy
        zs = 0
        For i = 1 To n
            x = a + i * dx
            zs = zs + f2(x, y)
        Next i
        S = dx * zs
        Ss = Ss + S
    Next j
    V = dy * Ss

'表示
    Range("B7").Value = V

End Sub
```

```
Function f2(x As Double, y As Double) As Double

    f2 = 2 - x - y
```

```
End Function
```

◆**理論値**

前述したように，理論値は1である．

◆**実行結果**

6	分割数 n	100
7	近似値 V	0.99000

分割数と近似値を次の表に示す．

分割数 n	10	100	1000
近似値 V	0.90000	0.99000	0.99900

章末問題

問題 6-1 定積分の近似値を区分求積法，台形公式，シンプソンの公式で求めるプログラムをそれぞれ作成し，小数点以下 4 桁までの値を求めなさい．また，分割数 n を 4，10，100，1000 と変えて近似値を理論値と比較しなさい．

$$\int_0^1 \frac{4}{1+x^2}\,dx$$

問題 6-2 ラグビーボール（扁長楕円体）を半分に切った形状の体積 V を，区分求積法によって求めるプログラム「扁長楕円体」を作成し，小数点以下 4 桁までの近似値を求めなさい．なお，$a = 1$，$b = 3$ とする．また，分割数 n を 10，100，1000 と変えて近似値を理論値と比較しなさい．

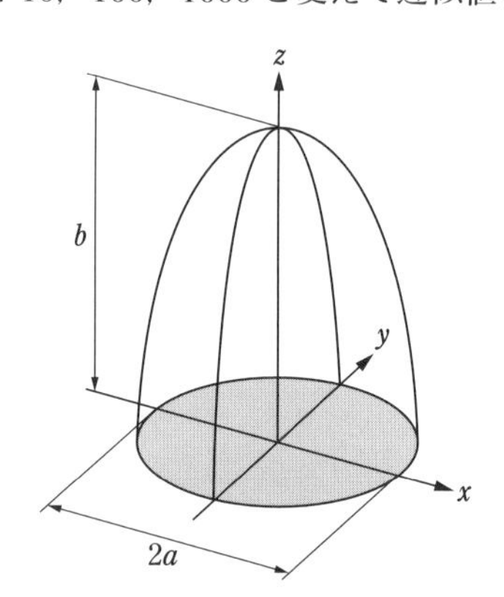

図 6.19　扁長楕円体の半分

	A	B
1	f(x)	$4\int_0^a\int_0^a b\sqrt{1-\left(\frac{x}{a}\right)^2-\left(\frac{y}{a}\right)^2}\,dxdy$
2	a	1
3	b	3
4	分割数 n	10
5	近似値	

章末問題解答

第2章

2-1　(1)　$f(x) = \cos x + x$

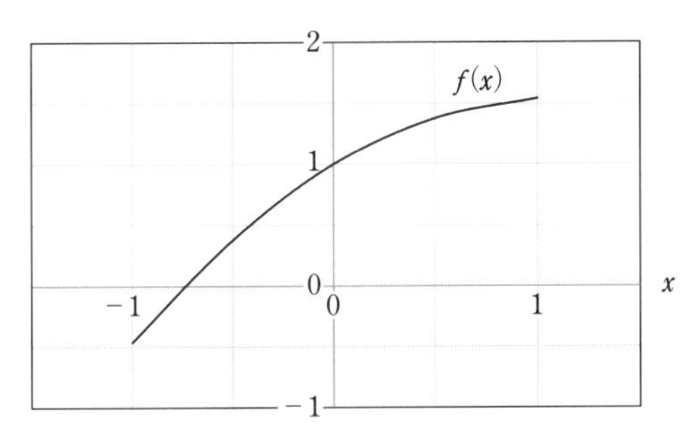

図 A.1　$f(x)$ の変化

① 二分法：初期値 $a = -1$，$b = 0$，17 回目に収束，近似解は -0.739082

② ニュートン法：初期値 0，5 回目に収束，近似解は -0.739085

③ 割線法：初期値 $a = -1$，$b = 0$，5 回目に収束，近似解は -0.739085

④ 反復法：初期値 0，繰り返し回数最大値を 20 とすると解なし

初期値 0，繰り返し回数最大値を 40 とすると，30 回目に収束，近似解は -0.739082

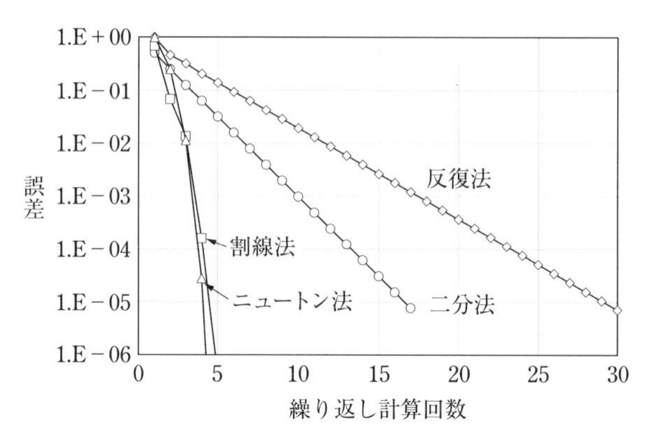

図 A.2　計算結果の比較

(2)　$f(x) = e^x + x$

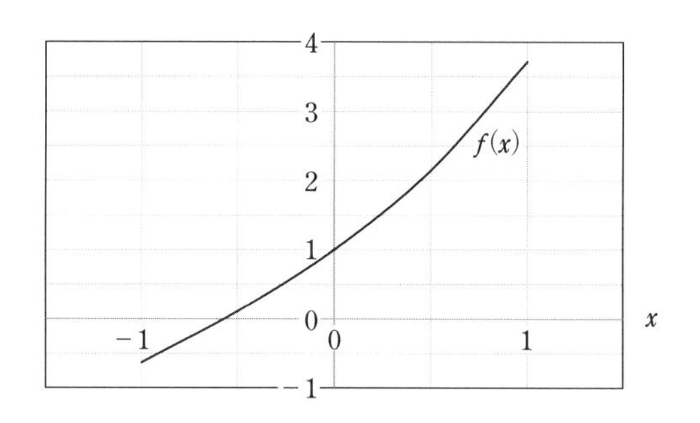

図 A.3　$f(x)$ の変化

①　二分法：初期値 $a = -1$，$b = 0$，17 回目に収束，近似解は −0.567146

②　ニュートン法：初期値 0，4 回目に収束，近似解は −0.567143

③　割線法：初期値 $a = -1$，$b = 0$，5 回目に収束，近似解は −0.567143

④　反復法：初期値 0，22 回目に収束，近似解は −0.567141

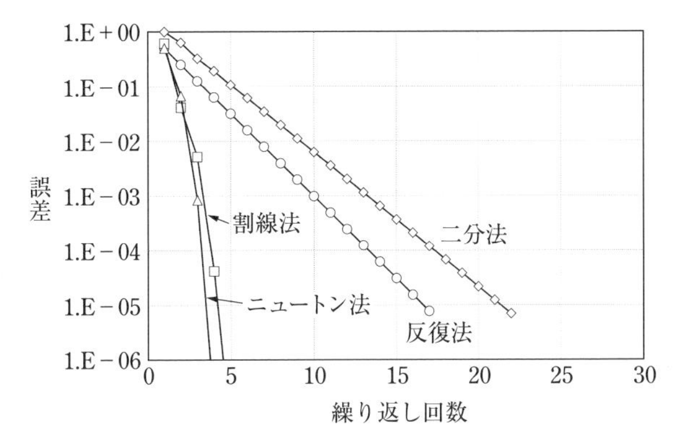

図 A.4　計算結果の比較

2-2

ファンクションプロシージャ f では非線形方程式を定義し，ファンクションプロシージャ Asinh では $\sinh^{-1}$ を定義しておく．

◆プログラム

```
Sub 無次元せん断応力()

'変数宣言
    Dim a As Double, b As Double, c As Double
    Dim ε As Double, err As Double    'ε：許容誤差

'初期値の入力
    a = Range("B1").Value
    b = Range("B2").Value
    ε = Range("B3").Value

'計算と表示
    Do
        c = (a + b) / 2
        If f(c) = 0 Then Exit Do
        If f(a) * f(c) < 0 Then
            b = c
        Else
            a = c
        End If
        err = Abs(b - a)
    Loop Until err < ε
```

```
    Range("B4").Value = c

End Sub
```

```
Function f(x As Double) As Double

    Dim Σ As Double, Φ As Double
    Σ = 1
    Φ = 0.1
    f = x - Asinh(Σ * Exp(-Φ * Σ * x))

End Function
```

```
Function Asinh(x As Double) As Double

    Asinh = Log(x + Sqr(1 + x ^ 2))

End Function
```

◆実行結果

	A	B
1	初期値 a	0.1
2	初期値 b	3
3	許容誤差 ε	1.00E-05
4	解	0.824309

第3章

3-1　プログラムは**例題 3-2** と同じである．ただし，**問題 3-1** のままだと対角成分が 0 になってオーバーフローするため計算が継続できなくなる．そこで，行の順番を次のように入れ替えて，プログラムを実行する．

$$\begin{cases} 2x + 4y + z = 8 \\ 3x + 6y + 2z = 11 \\ 4x - 2y + 3z = -16 \end{cases} \Rightarrow \begin{cases} 4x - 2y + 3z = -16 \\ 2x + 4y + z = 8 \\ 3x + 6y + 2z = 11 \end{cases}$$

◆**実行結果**

	A	B	C	D
1	4	-2	3	16
2	2	4	1	-8
3	3	6	2	-11
4				
5	x	1		
6	y	-3		
7	z	2		

3-2 プログラムは**例題 3-3** と同じ.

◆**実行結果**

	A	B	C	D
1	3	1	1	-3
2	1	3	1	3
3	1	1	5	9
4				
5	x(1)	2.00		
6	x(2)	-1.00		
7	x(3)	-2.00		

第4章

4-1 マクローリン級数の 2 次近似式 $f(x) \approx f(0) + f'(0)x + \dfrac{f''(0)}{2}x^2$ を用いる.

(1) $\dfrac{1}{\sqrt{1+x}} \approx 1 - \dfrac{1}{2}x + \dfrac{3}{8}x^2$

$f(x) = \dfrac{1}{\sqrt{1+x}} = (1+x)^{-\frac{1}{2}}$, $f'(x) = -\dfrac{1}{2}(1+x)^{-\frac{3}{2}}$, $f''(x) = \dfrac{3}{4}(1+x)^{-\frac{5}{2}}$

であるので, $f(0) = 1$, $f'(0) = 1$, $f''(0) = 1$ を 2 次近似式に代入する.

(2) $\cos x \approx 1 - \dfrac{x^2}{2}$

$f(x) = \cos x$, $f'(x) = -\sin x$, $f''(x) = -\cos x$

であるので, $f(0) = 1$, $f'(0) = 0$, $f''(0) = -1$ を 2 次近似式に代入する.

4-2　プログラム「ラグランジュのn次補間」を用いる．ここでの x と y の関係は $y = x^{1/3}$ である．したがって，真の値は =1.44225 である．

◆実行結果

	A	B	C	D	E
1	x	y		x	y
2	1	1		3	1.4515
3	2	1.2599			
4	5	1.7100			
5	6	1.8171			

4-3　プログラム「最小二乗法1」を用いる．

◆実行結果

	A	B	C	D	E
1	温度x, ℃	起電力y, μV		a	40.73
2	0	100		b	36.36

4-4　プログラム「最小二乗法2」を用いる．

◆実行結果

	A	B	C	D	E
1	ε	σ, MPa		C	0.567
2	0.02	0.02		n	0.288

第5章

5-1　1階の常微分方程式を次式のように変えて，P，E，I，l の数値を代入した式を f として定義する．

$$\frac{dy}{dx} = -\frac{P}{EI}\left(lx - \frac{x^2}{2}\right)$$

$P = 100$〔N〕，$l = 0.2$〔m〕，$b = 0.03$〔m〕，$h_t = 0.005$〔m〕，$E = 2.1 \times 10^{11}$〔Pa〕，$I = 3.125 \times 10^{-10}$〔$\mathrm{m}^4$〕

$$\frac{dy}{dx} = f = -\frac{100}{2.1 \times 10^{11} \times 3.125 \times 10^{-10}}\left(0.2x - \frac{x^2}{2}\right)$$

この式をファンクションプロシージャ f として定義する．

◆プログラム

```
Sub たわみ曲線 ()

'変数宣言
    Dim x As Double, y As Double, h As Double
    Dim xh As Double, d1 As Double, d2 As Double
    Dim d3 As Double, d4 As Double, d As Double
    Dim i As Integer, n As Integer

'初期値など
    x = Range("B1").Value
    y = Range("B2").Value
    h = Range("B3").Value
    n = Range("B4").Value

'繰り返し計算と表示
    For i = 0 To n
        Cells(7 + i, 1).Value = x
        Cells(7 + i, 2).Value = y
        xh = x + h / 2
        d1 = df(x)
        d2 = df(xh)
        d3 = df(xh)
        d4 = df(x + h)
        d = (d1 + 2 * d2 + 2 * d3 + d4) / 6
        y = y + h * d
        x = x + h
    Next i

End Sub
```

```
Function df(x As Double) As Double

    df = -100 * (0.2 * x - x * x / 2) / ((2.1 * 10 ^ 11) * 3.125 * 10 ^ -10)

End Function
```

◆理論解

理論解は 2 階の常微分方程式の両辺を x で積分することにより，次式で表される．

$$y = -\frac{P}{6EI}\left(3lx^2 - x^3\right)$$

◆**実行結果**

6	x	y	理論解	誤差
7	0.00	0.00000	0.00000000	0.000000000
8	0.02	-0.00006	-0.00005892	0.000000000
9	0.04	-0.00023	-0.00022756	0.000000000
16	0.18	-0.00346	-0.00345600	0.000000000
17	0.20	-0.00406	-0.00406349	0.000000000

近似解と理論解は，小数点以下 10 桁で一致する．また，はりの最大たわみは 4.06 mm である．

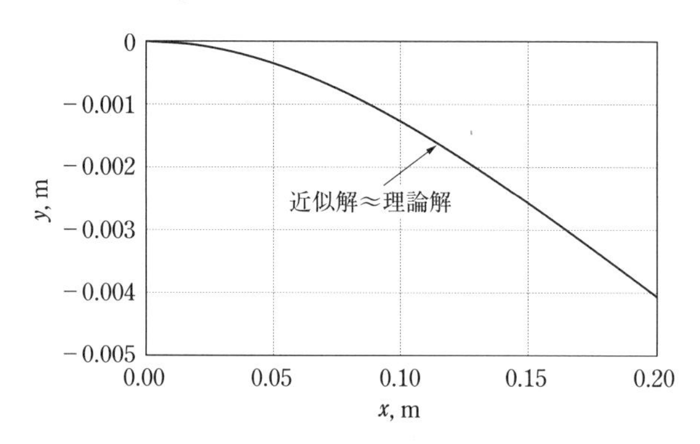

図 A.5　片持ちはりのたわみ曲線

5-2　ルンゲ・クッタ法を適用するために，2 階の常微分方程式を次の形に変え，

$$\frac{d^2x}{dt^2} = -\left(\frac{c}{m}\right)\frac{dx}{dt} - \frac{k}{m}x$$

次の連立 1 階微分方程式に変換する．

$$x' = \frac{dx}{dt} = z$$

$$x'' = \frac{d^2x}{dt^2} = \frac{dz}{dt} = z' = -\left(\frac{c}{m}\right)\frac{dx}{dt} - \frac{k}{m}x = -3z - 170x$$

◆**プログラム**

```
Sub 自由振動 ()

'変数宣言
    Dim t As Double, x As Double, z As Double, h As Double
    Dim dx1 As Double, dx2 As Double, dx3 As Double, _
```

```
        dx4 As Double
    Dim dz1 As Double, dz2 As Double, dz3 As Double, _
        dz4 As Double
    Dim dy As Double, dz As Double
    Dim i As Integer, n As Integer

'初期値など
    t = Range("B1").Value
    x = Range("B2").Value
    z = Range("B3").Value
    h = Range("B4").Value
    n = Range("B5").Value

'繰り返し計算と表示
    For i = 0 To n
        Cells(8 + i, 1).Value = t
        Cells(8 + i, 2).Value = x
        Cells(8 + i, 4).Value = z
        dx1 = df(z)
        dz1 = dg(x, z)
        dx2 = df(z + 0.5 * h * dz1)
        dz2 = dg(x + 0.5 * h * dx1, z + 0.5 * h * dz1)
        dx3 = df(z + 0.5 * h * dz2)
        dz3 = dg(x + 0.5 * h * dx2, z + 0.5 * h * dz2)
        dx4 = df(z + h * dz3)
        dz4 = dg(x + h * dx3, z + h * dz3)
        dx = (dx1 + 2 * dx2 + 2 * dx3 + dx4) / 6
        dz = (dz1 + 2 * dz2 + 2 * dz3 + dz4) / 6
        x = x + h * dx
        z = z + h * dz
        t = t + h
    Next i

End Sub
```

```
Function df(z As Double) As Double

    df = z

End Function
```

```
Function dg(x As Double, z As Double) As Double

    dg = -3 * z - 170 * x
```

```
End Function
```

◆理論解

減衰系の自由振動値の理論解は，次式で表される．

$$x = A\exp(-\zeta\omega_n t)\sin(\omega_d t + \psi) \tag{A.1}$$

式中，$\zeta = \dfrac{c}{2\sqrt{km}}$，$\omega_n = \sqrt{\dfrac{k}{m}}$，$\omega_d = \sqrt{1-\zeta^2}\omega_n$

不減衰系の場合と同様に，与えられている初期条件を代入すれば，ζ，ω_n，ω_d が求まる．

$$\zeta = \frac{c}{2\sqrt{km}} = \frac{300}{2\sqrt{100\times 17000}} = 0.1150$$

$$\omega_n = \sqrt{\frac{k}{m}} = \sqrt{\frac{17000}{100}} = 13.04\ \text{〔rad/s〕}$$

$$\omega_d = \sqrt{1-\zeta^2}\omega_n$$

$$= \sqrt{1-\left(\frac{300}{2\sqrt{100\times 17000}}\right)^2} \times \sqrt{\frac{17000}{100}} = 12.95\ \text{〔rad/s〕}$$

求めた ζ，ω_n，ω_d の値を式(A.1)に代入すると，次式を得る．

$$x = A\exp(-1.5t)\sin(12.95t + \psi) \tag{A.2}$$

式(A.2)を t で微分すると，x' は次式の形になる．

$$x' = \frac{dx}{dt} = A\{-1.5\exp(-1.5t)\sin(12.95t+\psi)$$
$$+ 12.95\exp(-1.5t)\cos(12.95t+\psi)\} \tag{A.3}$$

ここで $t=0$ のとき，$x=0$ であるので，式(A.2)より

$$A\sin\psi = 0$$

$t=0$ のとき，$x' = 0.3$〔m/s〕であるので，式(A.3)より

$$A(-1.5\sin\psi + 12.95\cos\psi) = 12.95A\cos\psi = 0.3$$

したがって，$A\cos\psi = 0.3/12.95 = 0.02317$ となり，$\sin^2\psi + \cos^2\psi = 1$ を適用すると，$A = 23.17$〔mm〕と $\psi = 0$〔rad〕が求まる．したがって，理論解は

式(A.2)より次式の形になる．

$$x = 23.17\exp(-1.5t)\sin(12.95t)$$

◆実行結果

7	t	x	理論解	誤差
8	0.00	0.000	0.000	0.000
9	0.05	0.013	0.013	0.000
10	0.10	0.019	0.019	0.000
11	0.15	0.017	0.017	0.000
45	1.85	-0.001	-0.001	0.000
46	1.90	-0.001	-0.001	0.000
47	1.95	0.000	0.000	0.000
48	2.00	0.001	0.001	0.000

図 A.6 に，「時間—変位」曲線を示す．初期変位 0，初期速度のみで放たれ，その後，減衰（ダンパー）の存在によって，変位 0 に収束していく様子を示している．また，近似解は理論解とよく一致している．

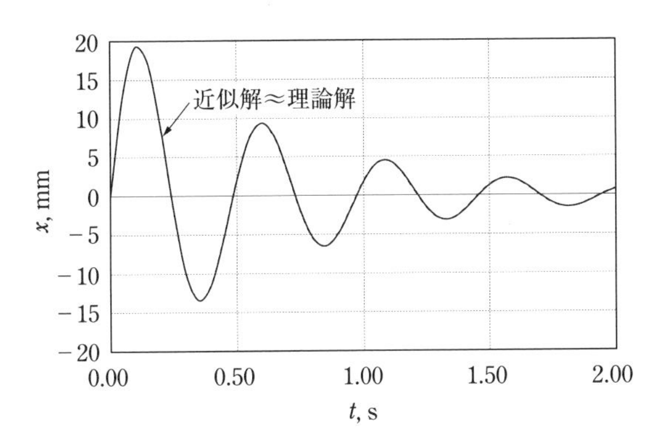

図 A.6　減衰系の自由振動

第6章

6-1 区分求積法は**例題 6-1**，台形公式は**例題 6-2**，シンプソンの公式は**例題 6-3** のファンクションプロシージャを以下のように修正すればよい．

◆プログラム

```
Function f(x As Double) As Double

  f = 4 / (1 + x ^ 2)

End Function
```

◆理論値

微分の公式から，$(\tan x)' = \dfrac{1}{\cos^2 x}$，

三角関数の公式から，$1 + \tan^2 x = \dfrac{1}{\cos^2 x}$，

$x = \tan t$ とおいて，t で両辺を微分すると $\dfrac{dx}{dt} = \dfrac{1}{\cos^2 t}$，

三角関数の公式から，$1 + x^2 = 1 + \tan^2 t = \dfrac{1}{\cos^2 t}$，

積分区間 $0 \leqq x \leqq 1$ は $0 \leqq t \leqq \dfrac{\pi}{4}$ なので，定積分は以下となる．

$$\int_0^1 \frac{4}{1+x^2}dx = \int_0^1 4\cos^2 t dx = \int_0^{\frac{\pi}{4}} 4\cos^2 t \frac{1}{\cos^2 t} dt = \int_0^{\frac{\pi}{4}} 4dt$$

$$= [4t]_0^{\frac{\pi}{4}} = \pi = 3.14159\cdots$$

◆実行結果

少ない分割数で比較すると，シンプソンの公式，台形公式，区分求積法による近似値の精度の違いがわかる．また，本問題のように理論値の計算が難しい問題でも，数値積分では比較的簡単に解を求めることができる．

分割数 n	4	10	100	1000
区分求積法	2.8812	3.0399	3.1316	3.1406
台形公式	3.1312	3.1399	3.1416	3.1416
シンプソンの公式	3.1416	3.1416	3.1416	3.1416

6-2

求める図形は x 軸と y 軸に対して対称形であることから，$x \geqq 0$，$y \geqq 0$ の部分に着目する（**図 A.7**）．求める体積 V は重積分の公式と楕円の公式を用いて以下となる．

$$\frac{V}{4} = \int_0^a \int_0^a b\sqrt{1-\left(\frac{x}{a}\right)^2-\left(\frac{y}{a}\right)^2}dxdy \tag{A.4}$$

ただし，xy 平面の形状が長方形領域ではないため，重積分が容易ではない．そこで，重積分を**図 A.8** のように極座標に変換して計算する．

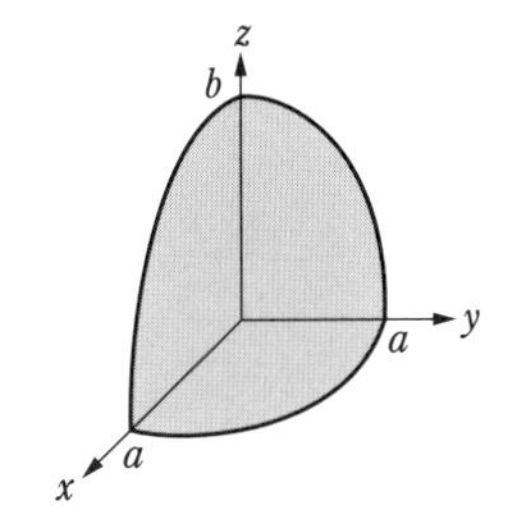

図 A.7　扁長楕円体半分の 1/4

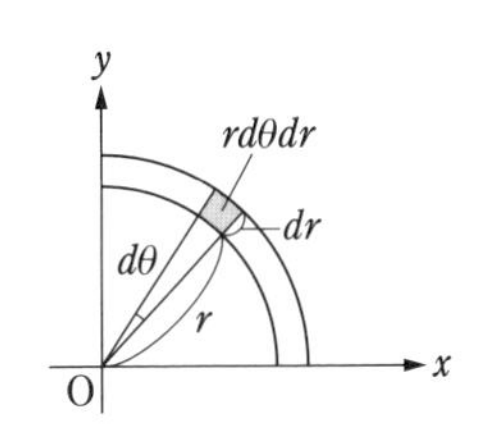

図 A.8　極座標への変換

$x = r\cos\theta$，$y = r\sin\theta$ とおくと，$x^2 + y^2 = r^2$ である．重積分の積分範囲は $x^2 + y^2 \leqq a^2$，$x \geqq 0$，$y \geqq 0$ であるから，極座標では $0 \leqq r \leqq a$，$0 \leqq \theta \leqq \frac{\pi}{2}$ となる．

また，直交座標の微小面積と極座標の微小面積の関係は $dxdy = rdrd\theta$ であり，$\left(\frac{x}{a}\right)^2 + \left(\frac{y}{a}\right)^2 = \frac{x^2+y^2}{a^2} = \frac{r^2}{a^2}$ から，式(A.4)は，次式の形になる．

$$\frac{V}{4} = \int_0^{\frac{\pi}{2}} \int_0^a br\sqrt{1-\frac{r^2}{a^2}}drd\theta \tag{A.5}$$

◆プログラム

```
Sub 扁長楕円体 ()

'変数宣言
    Const π As Double = 3.14159
    Dim n As Integer, i As Integer, j As Integer
    Dim a As Double, b As Double
```

```
    Dim Δr As Double, Δθ As Double, S As Double, V As Double
    Dim r As Double, θ As Double
    Dim ys As Double, Ss As Double

'データ入力
    a = Range("B2").Value
    b = Range("B3").Value
    n = Range("B4").Value

'Δr, Δθの計算
    Δr = a / n
    Δθ = (π / 2) / n
    For j = 1 To n
        θ = j * Δθ
        ys = 0
        For i = 1 To n
            r = i * Δr
            ys = ys + fr(r, a, b)
        Next i
        S = Δr * ys
        Ss = Ss + S
    Next j
    V = 4 * Δθ * Ss         '4倍して全体の体積にする

'表示
    Range("B5").Value = V

End Sub
```

```
Function fr(r As Double, a As Double, b As Double) As Double

    fr = b * r * Sqr(1 - (r ^ 2 / a ^ 2))

End Function
```

◆理論値

式(A.5)において $u = a^2 - r^2$ とおく．$du = -2rdr$，積分区間は $a^2 \leqq u \leqq 0$ となる．

$$\frac{V}{4} = \int_0^{\frac{\pi}{2}} \int_{a^2}^{0} \frac{b}{a}\left(-\frac{1}{2}\sqrt{u}\right) du d\theta = \int_0^{\frac{\pi}{2}} -\frac{b}{2a}\left[\frac{2}{3}u^{\frac{3}{2}}\right]_{a^2}^{0} d\theta$$

$$= \int_0^{\frac{\pi}{2}} \frac{b}{2a}\left(\frac{2}{3}a^3\right) d\theta = \frac{b}{3}a^2 [\theta]_0^{\frac{\pi}{2}} = \frac{b\pi a^2}{6}$$

$$V = \frac{2}{3}\pi a^2 b \tag{A.6}$$

式(A.6)に $a = 1$，$b = 3$ を代入すると $V = 6.283185$ が得られる．

◆実行結果

4	分割数 n	10
5	近似値	6.09492

分割数と近似値を次の表に示す．

分割数 n	10	100	1000
近似値	6.09492	6.27749	6.28300

索引

英数字

あ

か

さ

た

な

は

ま

や

ら

わ

【執筆者紹介】

■編著者
村木正芳（むらき・まさよし）

湘南工科大学 工学部機械工学科 外部講師，工学博士（東京大学）
1972 年 京都大学 工学部石油化学科卒，三菱石油(株)入社
日石三菱(株)（現 ENEOS(株)）潤滑油研究所所長代理，潤滑油部技術担当部長を経て
2001 年 湘南工科大学 工学部機械工学科教授，工学研究科長
2016 年 湘南工科大学を定年退職．非常勤講師を経て現職

■著者
田中秀明（たなか・ひであき）

湘南工科大学 工学部機械工学科 教授，博士（工学）（富山県立大学）
1987 年 早稲田大学 大学院理工学研究科修了，(株)日立製作所入社
生産技術研究所，中央研究所，横浜研究所を経て
2015 年より現職

加藤和弥（かとう・かずや）

湘南工科大学 工学部機械工学科 教授，博士（工学）（大阪大学），技術士（機械部門）
1992 年 電気通信大学 大学院電気通信学研究科修了，(株)日立製作所入社
生産技術研究所，(株)日立製作所冷熱事業部技師，日立アプライアンス(株)主任技師
2014 年 湘南工科大学 工学部機械工学科准教授を経て
2016 年より現職

木村広幸（きむら・ひろゆき）

湘南工科大学 工学部総合デザイン学科 非常勤講師，工学士（相模工業大学）
1977 年 相模工業大学（現 湘南工科大学）工学部機械工学科卒，相模工業大学助手
湘南工科大学助教を経て専任講師
2012 年 慶應義塾大学 大学院理工学研究科博士後期課程単位取得満期退学
2021 年 湘南工科大学を定年退職．以降現職

工学のための VBA プログラミング　数値計算編

2024 年 4 月 10 日　第 1 版 1 刷発行　　　ISBN 978-4-501-42070-3 C3053

編著者　村木正芳
著　者　田中秀明・加藤和弥・木村広幸
© Muraki Masayoshi, Tanaka Hideaki, Kato Kazuya, Kimura Hiroyuki 2024

発行所　学校法人 東京電機大学　〒120-8551 東京都足立区千住旭町 5 番
東京電機大学出版局　Tel. 03-5284-5386(営業) 03-5284-5385(編集)
Fax. 03-5284-5387 振替口座 00160-5-71715
https://www.tdupress.jp/

JCOPY <(一社)出版者著作権管理機構 委託出版物>
本書の全部または一部を無断で複写複製(コピーおよび電子化を含む)することは，著作権法上での例外を除いて禁じられています。本書からの複製を希望される場合は，そのつど事前に(一社)出版者著作権管理機構の許諾を得てください。また，本書を代行業者等の第三者に依頼してスキャンやデジタル化をすることはたとえ個人や家庭内での利用であっても，いっさい認められておりません。
[連絡先]Tel. 03-5244-5088, Fax. 03-5244-5089, E-mail：info@jcopy.or.jp

印刷・製本：大日本法令印刷(株)　　装丁：齋藤由美子
落丁・乱丁本はお取り替えいたします。　　Printed in japan

東京電機大学出版局 出版物ご案内

工学のためのVBAプログラミング基礎

村木正芳 著　　A5判 208頁

Excel VBAによりプログラミングを学ぶ入門実習書。基本構文やアルゴリズムを例題演習形式で解説。応用編として数値計算の代表的課題も掲載。

Excel VBAによる制御工学

江口弘文 著　　A5判 194頁

Excel VBAを用い古典制御理論（PID制御）から現代制御理論（システム制御）までの代表的な問題をわかりやすく解説。

Inventorによる3D CAD入門
第2版

村木正芳 編著　　A5判 160頁

実習を通じてInventorの操作を学ぶ。一つのものをゼロから作り上げる工程を手順に沿って実習することで，CADの操作法を確実にマスターできる。

よくわかるトライボロジー

村木正芳 著　　A5判 232頁

省エネルギー化・長寿命化のカギを握る「トライボロジー」を，基礎から最新動向まで網羅して，初学者向けに丁寧に解説。教科書としても使いやすい15章構成。

はじめての振動工学

藤田 聡 他著　　A5判 176頁

振動工学の内容において，一自由度系の振動に特化して解説。基礎をしっかり理解し，応用力を育てることに力点を置いてまとめた。演習問題も豊富に掲載。

MATLABによる振動工学
基礎からマルチボディダイナミクスまで

小林信之・杉山博之 著
A5判 240頁

振動工学をコンピュータの支援のもとに解明する力をシステマチックに養うことを目的に解説。最先端の動力学解析法であるマルチボディダイナミクスも解説。

エンジン工学
内燃機関の基礎と応用

村山 正 他著　　A5判 288頁

内燃機関の基礎理論を豊富な図と丁寧な解説でわかりやすく掲載。基礎理論に基づいた技術開発の動向や，地球環境に配慮した技術や今後の展望をまとめた。

「リアル」を掴む!
力を感じ，感触を伝えるハプティクスが人を幸せにする

大西公平 著　　四六判 184頁

世界で初めて「鮮明な力触覚の伝送技術」の開発に成功した著者が，その理論的背景とあらゆる分野に拡がる応用，技術の重要性について平易に解説。

＊定価，図書目録のお問い合わせ・ご要望は出版局までお願いいたします。

https://www.tdupress.jp/　　MA-006